姑娘，
你不必等别人来
成全自己

小小 ◎ 主编

黑龙江科学技术出版社
HEILONGJIANG SCIENCE AND TECHNOLOGY PRESS

图书在版编目（CIP）数据

姑娘，你不必等别人来成全自己 / 小小主编. -- 哈
尔滨：黑龙江科学技术出版社，2020.5
ISBN 978-7-5719-0382-4

Ⅰ.①姑… Ⅱ.①小… Ⅲ.①女性－人生哲学－通俗
读物 Ⅳ.①B821-49

中国版本图书馆CIP数据核字(2020)第018171号

姑娘，你不必等别人来成全自己
GUNIANG，NI BUBI DENG BIEREN LAI CHENGQUAN ZIJI

作　　者	小　小
策划编辑	沈福威
责任编辑	常　虹
封面设计	吕佳奇
出　　版	黑龙江科学技术出版社
地　　址	哈尔滨市南岗区公安街70-2号
邮　　编	150007
电　　话	（0451）53642106
传　　真	（0451）53642143
网　　址	www.lkcbs.cn
发　　行	全国新华书店
印　　刷	三河市越阳印务有限公司
开　　本	880 mm×1230 mm　1/32
印　　张	6
字　　数	150千字
版　　次	2020年5月第1版
印　　次	2020年5月第1次印刷
书　　号	978-7-5719-0382-4
定　　价	36.80元

前 言
Preface

　　我最好的朋友，去年来我所在的城市昆明找我玩了几天。

　　我们喝酒聊天，聊历史聊文学，聊人生聊理想，无所不聊。那几天里，我们都很惬意，也很快乐。

　　她在昆明停留了两天，然后就去了其他城市。一路上跟我分享她看到的美景和心情，看得出来，当时的她很快乐。

　　她回到北京之后的第二天晚上，给我打来电话，还没说话，就先听见了啜泣声。隔了一会儿，她调整好情绪，才开口说话："小月亮（我的小名），我觉得压力太大了，都快要抑郁了，不知该怎么办才好。"

　　因为距离远，我一时不知道该怎么安慰她，竟沉默了起来，好半晌才回过神来，让她别哭了。

　　我知道，去年她经历了很多事情，考研、工作、官司、婚姻，一系列的事情叠加在一起，让这个30岁的女人彻底崩溃了。

　　挂了电话之后，我给她发了长长的文字鼓励她。她回道："我好多了，会撑过去的。"

　　但愿如此。

有人或许会感叹她的不幸，都 30 岁了还过着如此"失败"的日子。

她真的失败了吗？当然不是。她虽然已经 30 岁，但在大城市，正是刚刚好的年纪，也是一段春光正媚的年纪。大城市的好处是能容纳一个人的优点，也能包容一个人的缺点，更能接受处在所有年龄阶段的人。

她的人生才刚刚开始而已，她面对的也是我们所有人都会面对的问题。

说完别人，再看看自己，也是"奔三"的年纪，也没比别人好到哪里去。

这两年，我出了 4 本书。说着好听，但依旧还在文字的边缘挣扎与彷徨。因为我不知道要写多少才能看到头，看到光亮，看到一双充满希望的手向我摆动。

我在案旁崩溃过，跑步时大哭过，深夜里买醉过，也在电影院的角落里默默地颓丧过。可正如我在书中所说的，每天拉开窗帘，会照进来一道光时，看见那道光，我就知道未来还会有希望。

希望是什么？

希望是能赚到满足自己内心欲望的人民币，能强大到反对父母安排的婚姻，有能力照顾自己和照顾自己想照顾的人。

身为女人，深感不易。一路走来，有太多的难关和选择，都要依靠自己去做出选择。

这是一个对女性高要求的时代，女性活着，尤为艰难。你要扮演很多角色，女儿、妻子、妈妈，或同事眼里的其他角色，每一个角色都很艰难。

除此之外，你还要做一个独立的女人，因为这是一个人人喊独立的世界。独立，就能赢得三分尊重；不独立，你就赢不来掌声和鲜花，也赢不来家庭里的地位。

朋友与我都在顽强地反抗这个世界，希望你也和我们一样。30 岁又如何？哪怕到 80 岁，我也不认输。

不管你处在哪个年龄阶段，都有赢的可能性。只要你的内心有信念，漫漫长路，未来可期。

作者

目录 *Contents*

第一章

做最好的自己

姑娘，靠谁都不如靠自己

"知乎"上曾有个问题：哪一个瞬间让你觉得女生要靠自己？底下有条热门回答：当你觉得老公与婆婆都拿你当外人，你曾经最信赖的枕边人'背叛'自己的时候。

这是一个很无奈也很可怜的回答。为什么会说可怜呢？因为这里的可怜分为两层。

第一层是最信赖的人忽然变成了陌生人，给你承诺、情深款款的人忽然变成不言不语的冷面人。

第二层是可怜女生本身，女生肯定曾无条件地信任过对方，把自己的半辈子都信任了进去，这里面包括职场技能以及自食其力的能力。她被丈夫照顾得如同"巨婴"，待对方抽身之后，她就一无所有了。

于是"巨婴"不得不重新成长，想要成人。

但是你有没有想过，"巨婴"成长为成人需要多大的勇气和毅力？那些自我怀疑的安全感以及被摔成碎片的技能，都要缝缝补补重新来过。

说白了，一切都可以说是咎由自取，用俗话说，就是"可怜之人必有可恨之处"。

针对上面这种情况，我特别想在下面回一句：姑娘，你哪个瞬间都需要靠自己。

朋友阿珊就是个精明的女生，她的精明并不是指在生活的算计上，而是在未来的规划上。

大学毕业时，她22岁，父母告诉她，最好的年龄就应该挑个最好的夫婿，在最美的年纪步入婚姻殿堂，一生才会完美。在她毕业后的那段日子里，她的父母不断地给她张罗找对象。有时相亲的电话一天有十几通，但通通被她拒绝了。

拒绝的人里面不乏有条件好的，她说不是她看不上，而是在别人看上她之前，她想把自己变得强大起来。她说，电视里的那些狗血剧情，她不想发生在自己身上。别人再强大，也抵不过自己强大。

所以22岁的阿珊活得玲珑剔透，从公司最底层做起，不喊苦，不喊累，只在特别疲惫的夜晚抱抱自己，奖励自己一杯香醇的奶茶。

如今32岁的阿珊，已经结婚，育有一子。除了为人妻与为人母之外，她还有一个称谓——某企业高管。她说，今天的一切都是她她自己拼搏得来的，说句不好听的，即便将来老公与自己离婚，她也有东山再起的本事，不用对生活摇尾乞怜。

靠山山会倒，靠水水会流，靠别人的承诺，承诺也会不痛不痒地飘走。只有靠自己，才能当女王。

曾经的热播剧《我的前半生》里有一个很残酷的典型，女主罗子君嫁给了相爱多年的陈俊生。陈俊生是实力派的代表人物，也是浪漫型的人物。他对罗子君说：以后你就当全职太太吧，别工作了，我养你。

这句"我养你"，可能是许多女生梦寐以求的。"我养你"意味着什么都不用干，只管吃喝玩乐，还有钱花。

"我养你"虽然听上去动人，但其实它是慢性毒药，因为它会慢慢地腐蚀你的心志，直到你什么都不能干，甚至丧失对生活的热情。

所以罗子君在接受"我养你"的时候，就开始了"堕落"，成天无所事事。罗子君出手非常阔绰，一买就是上万的鞋子，身上光鲜起来的同时，灵魂却变得腐败不堪。

直到那个说养她一辈子的人要跟她离婚时，她才彻底傻眼。她以为，世道与人心永远都不会变，说一辈子就是一辈子。

陈俊生为什么要抛弃她？因为他在进步，而她却在退步。当两个人的水平不匹配时，就是悲剧的开始。

如果一个女生把全部精力都寄托在一个男人身上的时候，她就会败得一塌糊涂。因为在那一瞬间她抛弃了自己，相信了别人。试问，靠得住的是自己还是别人？毋庸置疑，答案会是前者。

我还记得一个哀伤的故事。

我与好友约定好夏季去德国玩一周，好友特别开心地规划这个、规划那个，甚至把各个景点都很细致地列了出来，每天的食宿也都安排得非常详细。

但就在我说要定机票的那一刻，她慌了，原来的热情也缩减了一半。最后她很没底气地告诉我，她要先找她爸妈商量一下，看她爸妈同不同意。

我很讶异，自己出去玩为什么还要征得父母的同意呢？难道是怕此行不安全？后来我才知道，其实是因为她没钱，所以她没有自主权。

她说她很久不曾工作，一直都是靠父母的接济，如果父母断了对她的接济，她可以说是寸步难行。

那一瞬间，我忽然对好友充满了陌生感。一个近30岁的女子，居然还要靠父母才能过活。

我应该替她悲哀吗？不，她应该替她自己悲哀。没钱可以挣，但如果没有了骨气，那谁都救不了。

人，只有先爱自己，才会有人来爱你。

前几天有朋友给我发信息，大概意思是：越长大，就越只能依赖自己。最值得信任的人，仿佛也只有自己了。

我回她：确实如此。

越是长大，经历得越多，你就越会发现，很多承诺过的人都消失了，换了一拨又一拨，不牢靠也不稳固。

你会发现：

你的爱人可能有变心的一天；

你的朋友没有理由地说散就散；

你的孩子会娶妻或嫁人；

……

回头望望，你的身边还有谁？你只有你自己。这虽然残酷，但却现实，只有认清现实，才能深刻地认清自己。别人对你的好，也可以随时被收回。你只有无限强大，才能任凭岁月摧残都屹立不倒，完好如初。

你一定要有钱

朋友想养一只猫。她妈妈拒绝，并大吼："你养得起吗？你连养活自己都是个问题。"

很简单的一件事，背后却透露出一个深刻的问题：没钱，就没有自主权。

如果朋友有足够的钱，她妈妈就不会拒绝她，正是因为她没有能力照顾自己，所以她妈妈更不相信她能照顾一只猫。

如果她有钱，她妈妈可能会问：想养什么品种的猫？给吃什么样的猫粮？去哪家宠物店洗澡？而不是直接拒绝，把她的愿望打得粉碎。

因为没钱，即使一件小事也得让人主宰。

曾经和一位合作伙伴一起逛商场，她去看包包、衣服，从来不看价格标签，只看款式中不中意。如果款式中意，直接买下，才不管价格有多贵。去西餐吃牛排，点最贵的，也让我别客气，不用为她省钱。

我笑着对她说："您真是霸气。"她也呵呵一笑：我的霸气，都是拼命工作赢来的。

认识一个文友，曾经也很喜欢写作，原来经常半夜拼命赶稿，但也活得非常文艺，在苍山洱海都留下过足迹，在春暖花开的地方吟过诗喝过酒。

因为曾经的拼命工作，所以她现在有钱，有诗，还有闲，日子过得相当惬意。

但她交了男友之后，情况就完全不同了。前年初，她找了一个爱到骨子里的男友。为了男友，她到了男友所在的城市，告别了诗意的生活，给他当起了贤内助。

男友说："你写字一个月也就赚那么些，我一个月给你2万元，你就别那么拼命了。"文友一听，想想也可以，不用那么颠三倒四地赶稿，还有零钱花，最重要的是还能陪伴在爱人左右。

于是她不再像以前那样赶稿挣钱，断掉了一些专栏供稿。一日三餐都围着男友转，以他为中心，把生活重心都放在了男友身上。

这样的日子只持续了8个月，男友就跟她提出了分手，理由是：他突然不想结婚了，还是过惯了一个人自由自在的日子。

文友呢？为了他来到新城市重新开始，牺牲了自己的爱好。白面丰腴地来，面黄饥瘦地走。

当男友离开之后，她发现自己除了剩下一点钱外，再也没有其他了。她甚至失去了赚钱的技能，因为好久没有写作了，写作技艺严重退化，要重新开始需要花很长一段时间去适应。

接受了 2 万元，损失却更多。为什么这么说呢？日复一日地磨炼自己的技能，一年 365 天，乘以每日工作的 8 小时，足以让技能转化更多的钱，也会让自己成为行业内更厉害的角色。

自己有技能、有钱，任何时候都不用担惊受怕。不用害怕离开 ××× 就过不下去，不用依附 ××× 也能过得很好。

近期看到另一友人在朋友圈发表状态，很是伤感，为了表示关心，发微信过去问其原因，她沉默了半晌才回过来一句话：哎，都是钱惹的祸。

什么原因呢？原来她爸妈最近在闹离婚，而且闹得动静还挺大，跟以前的两口子吵架完全不同，这次是动真格的。之所以要离婚，大概是因为钱的事情。

她妈妈责怪她爸爸不上进，每个月赚的钱也不交给她管，日积月累，矛盾加深，最终爆发了。

友人夹在中间很为难，她劝了这边劝那边，但发现没有太大作用。于是她把父母的矛盾点归结到自己身上，如果自己有钱，每个月给父母足够的钱，那他们也就没有必要常为钱的事吵架。

可是看看自己少得可怜的工资，只能含着泪说着起不了多大作用的安慰。

"如果有钱，也许争吵可以减少；但是没钱，争吵一定不会减少。为了父母，你要有钱。"这是她给我的结束语。

有钱的背后，是工作能力的强弱，是勤奋与懒惰的对比。要想有钱，就必须付出百分之百的工作热情。

旅美作家严歌苓在国内的名气很大，嫁的外交官也很出色，但她还是非常努力地写稿赚钱。她说她需要钱，因为要享受就必须有钱。

她懂得，好的东西必须要自己争取，自己赢来的东西，才是体面的。你出去走走，见见世面，你就知道这个世界上凭自己本事赚钱的人很多。

曾在网上看到过一个段子，大概意思是：女生还是自己努力赚钱比较靠谱，不然自己心情糟糕的时候，只能买两瓶啤酒、一袋鸡爪子，在路边崩溃大哭。但如果你有足够的钱，就可以去纽约哭，去马尔代夫哭，想去哪儿哭就去哪儿哭。

如果你有钱，你可以嫁给爱情，一起风花雪月；

如果你有钱，你可以选择不相亲，也可以选择不结婚；

如果你有钱，你可以随心所欲，不用为柴米油盐计较；

……………

如果有钱，哪怕是连任性都是可爱的；如果没钱，你的任性只会让人厌恶。现实就是这么残酷。

有这么一句话："女人，如果你可以在金钱和性感之间做出选择，那就选择金钱吧，当你年老时，金钱将令你性感。"

　　我想说的是，无论多大年龄，你都必须有钱，你年轻时的累积，将决定你年老之后的生活质量。

　　姑娘，愿你努力工作，赚很多的钱，擎起自己的志向与理想，也愿你的漫漫长路，未来可期。

自律的人生才能"开挂"

很多人时常把自律挂在嘴边，却又一遍遍地把它抛弃。

比如：明天一定要早起，结果睡过了一小时；明天开始打卡健身，结果逮到借口就放弃；明天开始想把英语口语练好，结果到了第 10 天却开始打起退堂鼓；等等。

自律在自己面前好像一文不值，没有一次对它信守承诺的。

这里不说别人，只说我自己。曾经我也对"自律"这两个字不太珍惜，也不太看重。

但年纪越长，就越能体会到"自律"的重要性。因为这两个字能给自己带来梦想。这么说的理由很简单：如果你想练成马甲线，你每天都非常自律地到健身房练习，坚持一定的时间，马甲线就会因为你的自律而出现。这种自律，就给你带来了某种程度上的心理满足。

我 27 岁之前似乎都活得很随意，没心没肺，不用脑袋想事情，也没有一件事情是坚持超过 30 天的。等到了 27 岁之后，我便开始自责，并且这种自责的程度越来越强，甚至懊恼自己一事无成。

要改变点什么，从哪里开始改变？

2018 年中旬，我在云南昆明郊区租了一间小公寓，开启了完全不一样的生活，远离了城市，远离了喧嚣，留给自己的，只有一份宁静。

从那时起，我的身上就多了两个标签，独居与自由职业。这在外人看来，非常惬意，因为这代表着自由。

但自由的背后是自律。说是自由，其实全凭自律，因为没有人会来管你，也没有人会来叮嘱你要做这个、做那个。稿件完不成的后果就是失去信用，不会有人再跟你合作第二次。

独居如果不自律，人基本上就毁了。睡到日上三竿，吃到肚皮撑破，三五天才洗次头……当然，这不是我。因为我意识到这是我的黄金时光，不能再像 20 岁出头那样挥霍日子了。

独居的生活基本是这样的——每天早上 7 点准时起床，上午学习，下午工作，下午 3 点左右 Tabata Training（一种高强度的间歇式训练），中午正餐，晚上吃粥，晚后半小时开始跑步，晚上 9 点半开始泡脚，睡前看 1 小时书，晚上 11 点睡觉。

当坚持了 7 天，这样的日子就基本定型了。日复一日，循环着这种生活，当极度想找点儿别的事做的时候，会看一部电影，去附近的花卉市场买几束鲜花改善一下自己的居住环境。很充实、很宁静，也很快乐。

时光是属于自己的，自律才会成就更好的自己。那些日子，我看了比平常多 3 倍的书，写了几本书稿，兼职的工作也完成得很好，身体因为时常锻炼更加健康起来。

与之前的日子相比，我更加珍惜现在的生活，也更加享受现在的自律。很多人问我，会不会感到孤独，我回答当然会。但这份宁静的孤独与看不见未来的繁华相比，我宁愿独守这份宁静的孤独。就像我在朋友圈里发的，我看见晨起的太阳，就知道一切都有希望。

要想未来可控，就必须高度自律。趁你还年轻，要懂得自律。

18岁时的自律与25岁时的自律是不一样的，25岁时的自律与30岁时的自律也是不一样的。

18岁时的自律，可以助你考一个好的大学；25岁时的自律可以让你找一份好工作，赚可观的薪水，改善自己的生活；30岁时的自律，可以让你更清楚地看清未来的职业生涯，这时你的人生基本已经定型。

如果人到近30岁还不懂得自律，可以说这个人基本上残了。自律得趁早，自律养成越早收益就会越多。

有人说人之所以不自律，是因为后面夹带着自我怀疑，因为不确定这件事情自己能不能做到或会不会做好，所以才轻言放弃。

因为不确定性，所以把自律也变得模模糊糊。但总体来说，不自律还是源于自己的懒惰。因为懒惰，所以才一次次地放纵自己。

放眼去看那些有耀眼成就的人，谁不是自律的典型呢？

赵雅芝如果不自律就不会有依然美丽的容颜；

严歌苓如果不自律就不会有那么多脍炙人口的作品……

成天叫嚣着减肥，却不见肚子上的肉减掉几两；想考证书，又没日没夜地玩游戏；想当知名编剧，写到一半又歇斯底里想要放弃……

对不起，没有自律，功成名就的机会自然也会跑到自律的人身上去，跟你毫无关系。

我很喜欢莫扎特的一句话：我每天用 8 个小时来练琴，人们却用"天才"二字埋没我的努力。

这句话很深刻。我们最容易看见的是别人的成功，看不见的是别人成功背后付出的汗水。人们最喜欢把"天才"二字强行加到别人身上去，从而否定别人多年来的默默付出。

莫扎特之所以会成为顶级音乐家，是源于自身持之以恒的自律。我想这也是莫扎特写这句话的原因。

想要过好的生活，想要有好的身材，想要名利双收，又不想自律，怎么可能！

谁不是一边痛哭，一边负重前行

前天坐地铁的时候，坐在我旁边的一个姑娘忽然掩面大哭，不顾众人的目光。我忙从包里翻出一包纸巾递给她，她接过纸巾，一边道谢一边哭："我再哭一会儿就好了，我没事。"然后她又沉浸在自己的悲伤世界中。

我不知道这姑娘的身上发生了什么事情，或者是工作不顺心，又或者是感情出了问题。总之，成年人的世界，大部分都过得很心酸。

没有人知道真相，但也只能愿姑娘哭过之后继续坚强。那一瞬间，我似乎在姑娘身上看到了自己的影子。

在办公室受了委屈，去洗手间默默地痛哭一场之后，重新补妆回到工位上假装自己没事；

在饭桌上受了委屈，也只能假装坚强地喝掉一杯又一杯呛人的白酒，吐完之后，用清水敷面后继续上"战场"。

不知从何时开始，一个姑娘活因为生活，因为自己，也因为家庭，硬生生地把柔软的自己活成了坚硬的石头。再多再大的苦难，也只能咬牙吞进肚子里消化掉。

前年冬天凌晨 5 点，在公司熬了一宿的我，准备下班回去补觉。在路上我碰见一个清洁工大姐，右手推车，左手拿着早餐，边吃边走，时不时地还会把脖子缩进棉袄里。

那所谓的早餐其实只是一个馒头，她不时地拿水灌一下，我不知道她是真正的口渴，还是想用水把馒头顺利地吞进自己的肚子里。

但那都不重要，重要的是我看到一个年近 50 岁妇女，为了生活竭尽所能，拼尽全力。

最苦的是什么？最难的是什么？我曾在豆瓣上看到过一个心酸的帖子，一个姑娘独自去医院进行了 7 次手术。

我仿佛能看见这个姑娘带着铅一样沉重的心写下那些字，记录自己一个人走过来的经历。她很坚强，因为她挺过来了，她是自己的榜样。

综艺节目《我是大明星》里，19 岁的姑娘何岩以清脆的声音打动了评委。她穿着朴实，但台风很稳，被问及为什么唱歌的时候，她只简简单单地说了一句话：报答爷爷奶奶。

为什么不是报答爸爸妈妈呢？因为她的爸爸在她 1 岁多时出车祸去世了，她的妈妈改嫁了他人。从此爷爷奶奶种地养她长大，三人相依为命。

小小年纪的姑娘，身上没有怨气，也没有戾气，只有一股拼搏向上的精神，希望通过自己的努力，向世界展现光芒，也希望通过自己的努力，让爷爷奶奶过上好一点儿的生活。

她没有烦恼吗？不，她的烦恼比成年人更多，但她没有把这种烦恼当成消极的理由，反而转换成了无限的坚强与动力，你不得不为这个小姑娘举起双手，发出最热烈的掌声。

越是长大，背负的使命和责任就会越多。哭泣只是一时的宣泄，奔跑才是真正的出口。

我认识一个姑娘，她生在农村，长在农村，最后凭借自己的努力奔赴了大城市。

因为聪明，也因为努力，不但在工作方面得心应手，而且交往了一个男友。男友一开始对她百般呵护，万般疼爱。但后来男友因为沉迷于赌博，不但输光自己的钱，还用她的钱赌博。一开始姑娘忍气吞声，但后来男友长期屡教不改，她才毅然决然地选择离开。然而她男友始终缠着她，把她的生活搅得乌烟瘴气。

她最终做出一个决定——辞职，换城。她相信，是金子在哪儿都会发光，她不缺从头再来的勇气。

就这样一个看似柔弱的姑娘，她也许在夜里哭过，为感情的事情伤神过，也为工作的琐碎担忧过，但她展现给大家的却是"我没事，我能行"。

也许我们都没有那么坚强，也许我们都很脆弱，因为我们时常会在人后落泪，会在深夜买醉。但我们又不得不假装坚强，假装自己与这个世界契合，这是多少成年人的无奈。

热播剧《都挺好》里的苏明玉，不就是现代女性独立坚强的典范吗？因为是女儿身，被家人处处打压。

　　但她并没有让这种脆弱一直停留在自己的身上，她与父母断绝关系，自力更生，自己挣钱养活自己。她化眼泪为动力，努力成为职场女精英。

　　如果她想颓废，她可以一直颓废下去——既然得不到父母的正眼相待，得不到世界的怜爱，那就索性当一个社会的弃儿，自暴自弃，从此任生活处置。

　　苏明玉知道自己脆弱没用，软弱没用，服输没用，所以她把书桌前的眼泪、车里的眼泪都通通收了起来，坚强地生活下去。

　　我很喜欢这样一段话：

　　人生有许多事是不得不做的，于不得不做中勉强去做，是毁灭；于不得不做中做得很好，是勇敢。

　　人生就是这样，一边自我摧毁，一边又自我重建；一边放声大哭，一边又自我安慰。每一次重建，都是一次成长。

　　累了的时候，抬头看看光，只要它在，希望就永远会在。你可以哭，但哭完之后，记得以最勇敢的姿态，迎接下一个岔路口的到来。

逃走的不是梦想，而是自己

2019 年年初，考研成绩公布。有人欢喜有人愁，欢喜的自然是及格了的人，及格线没过的人愁破了大天。

平常很少上微博的我，特地留意了那几天微博里的热搜，一则"考研成绩"的热搜果然排在了前三。

同往年一样，这次的结果对部分人来说有些欠佳。微博里许多发状态的考研生都会带上一个哭泣的表情，那些哭泣的表情是失意学子们对当下心情的宣泄。很显然，他们没有考出理想的成绩，与自己心仪的学校失之交臂。一切复杂的情绪都囊括在了一个小小的表情里。但我想他们难过的或许不是自己的成绩，而是自己付出的努力没有得到认可。

可那些分数低的人就是失败者吗？成绩能一锤定音吗？我很想抱抱他们，但这不太实际。所以我把那个拥抱化成了一句评论：分数不代表一切，最重要的是努力的过程。奔跑的路上，谁又有十足的把握能稳赢呢？人生本是一场博弈，拼了才会赢，不拼肯定输。

分数低不叫失败，成绩也不能一锤定音，因为人生不止这一次机会。问题是，这次失败，你第二次还能重新站起来吗？

面对这个问题，不免让我想起了朱颜。朱颜是我最好的朋友之一，她也曾经历过这场考试。而且她经历了三次"大劫难"，第三次才考上。

那个时候很多人问朱颜为什么还在坚持，问她什么时候离开，朱颜都不说话，只是沉默。朱颜不想把肚子里的苦像洋葱一样一层层地去剥给别人看。

第二次考研成绩出来的时候，朱颜的家人问她是复读还是找工作，她装作一脸无所谓，其实内心很是纠结。睡了一宿后，她告诉她爸妈，读，继续读。

她切断了所有退路，继续朝六晚十一的日子。三战成绩出来之前，她连续两个夜晚失眠，她妈妈问她："颜颜啊，你要是这次还没过怎么办呢？"

她想都没想就直接说："妈，没有如果，这次一定会过，我这次对自己有信心。"

她为什么这么坚定？因为她一次比一次努力。她后来回忆说，那段时间，她跟交往5年的男朋友，一天讲话的时间不超过15分钟，那15分钟还是从吃饭、上厕所的时间里挤出来的，更别提过什么隆重的节日了。

一次、两次失败怕什么，只要自己不逃走，总有一天能收获果实。但前提是，面对苦难，你一定要先挺住！

前阵子去上海出差，打了个"滴滴"车，因为路程远，所以便跟司机闲聊了起来。

我：你是专程跑"滴滴"的吗？

他：不是啊，都是顺道带的，但平常休息闲着的时候，也会跑一跑。

我：很努力啊。

他：不努力是要被"打回原形"的。

为什么他会说被"打回原形"呢？

原来他刚毕业的时候，由于赚的钱不多，连温饱都成问题。上海偏远郊区的一个床位都要花去 700 多元，再加上吃喝，基本每月工资连一角都剩不下。

为了能在上海留下来，他下班之后都会去市里热闹一点儿的地方摆地摊。一摆就是 4 小时，经常累得连腰都直不起来。他每天都会掐着点，在末班车发车之前回去。那样的日子维持了很久，具体的时间，他说他不想去细算了。

日子虽然清苦，但却很充实。后来工作上的业绩也在不断提升，赚了点儿小钱，买了辆车，为了能更好地在上海生活下去，他每一分钟都派上了用处。

我问：你有没有想过逃跑啊？

他答：逃到哪里去啊？再怎么逃，也逃不出生活，不如就这样挺下来算了。

沉默了 10 秒后，我们相视一笑。

是啊，能逃到哪里去呢？即便你这次逃走了，不一样的麻烦也会接踵而来。成长路上，其实我们都无路可逃。

曾看过一档节目——《开讲了》，作家林清玄的一场演讲让我记忆深刻。

林清玄小时候家里很穷，经常吃不起饭，但他每天都鼓励自己将来要当一名杰出的作家。

他跟他父亲说他要当作家，他父亲"啪"的一巴掌，说他不切实际；他说他要去埃及，父亲"啪"的又一巴掌，他父亲保证他这辈子都不可能去那么远的地方。

多年后的一天，林清玄在埃及给他父亲寄了一封信，感谢父亲，如果没有那一巴掌，就没有他的今天。

他小时候的那3个愿望：成为杰出的作家、环游全世界、娶美丽动人的妻子，都一一实现了。

林清玄有一句至理名言："我的生命不可以被保证，即使是我的父亲也不行！"

如果你不想被保证，不想被预见，前提就是得拼尽全力。千人笑，万人嘲，与你何相干？梦想不曾背离，你就不能抛弃。你不背叛梦想，梦想也一定不会背叛你。

年少的时候，谁都会有豪情万丈的理想：当一个名人，当一个作家，当一个富豪……

只不过到了后来，1000个人里，剩下了100个人还在坚持，再后来只剩下了10个人，曾经那990个人，早就走散在岁月的尘埃里。

很多人都很羡慕自媒体原创作者六神磊磊，因为他随便一篇文章都有超过数十万的阅读量。但你要知道，他评金庸，总是写的比别人细致、有趣味。

那个年代，大家都爱读金庸，但很多人只止步于金庸的表面。六神磊磊不一样，他能如数家珍、"和盘托出"，别人只懂"亢龙有悔"是降龙十八掌里的一招，而他却知道这个招法不但来自降龙十八掌，还来自《易经》。

怎么才能离梦想近一点儿呢？就是比别人多坚持一点儿，多一点儿，再多一点。他能成为他，她能成为她，皆是因为他们比你坚持多一点。你成为不了你想要成为的人，不仅因为信念不够坚定，还因为你对梦想不够热爱。

做自己喜欢做的事情

楼下朝北有一家咖啡馆，经营咖啡馆的是一个年近三十岁的女老板。咖啡馆不大，加上阳台和置物柜总共才 52 平方米。店里布置得非常精致。

因为常去，所以跟老板熟络了起来。这家咖啡馆开了一年，常去的客人其实并不是很多，只有在周末的时候，人才稍微多一点儿。

大家都知道，开咖啡馆要是没足够的闲钱，是撑不起来的，开咖啡店的成本很高。在没有客源的情况下，更是让人头疼。

女老板家里"有矿"吗？其实不是，她只是用自己的积蓄和平时上班的工资来支撑咖啡馆运营。

一周七天，她每周的周末都会过来，周末一整天都待在店里，其他时间则交给店员打理。因为热爱，她不顾反对，把一间废弃的房间改造成一个精品咖啡馆；因为热爱，她不惜自己赚钱来维持咖啡馆的日常开销。

她常常被问这样做值不值得，对于别人来说，或许不值得，但对于她来说，很值得。

她说当初就是因为喜欢那种氛围，每次去咖啡馆办公的时候，都梦想有一家自己的咖啡馆，所以才坚定地开了这家咖啡馆。既然开了，就没有放弃的道理，会想尽一切办法，让它好好存活下去，并且她也相信，她有能力带活它。

她享受的或许是自己的小馆子给她带来的愉悦感，宁静与日光带来的享受感，抑或者是听客户讲故事的新鲜感。总之，咖啡馆能成就她的内心。

她说如果有一天她辞职了，她会把所有的重心都放在这家咖啡馆上，拼尽全力去照管好它。至于钱的问题，肯定不会把她饿死。

在热爱这条路上，对于某些人而言，没有值不值得，只有够不够热爱，爱的程度有多深，爱得越深，就越值得。

记得读书时，在一堂语文课上，老师问学生们的梦想是什么，课堂上炸开了锅，同学们争相抢答。随着时间的流逝，很多同学说过的大部分梦想我都不记得了，只清楚地记得一个人说过的话：但愿我能做自己喜欢做的事。

说这话的那个女同学，至今确实做着自己喜爱的事情，她成为一个旅行博主。

这位女同学在成为旅行博主前，各种声音都在告诉她"你不行""你不能这样""你必须去找一份工作才能养活自己"。

但这位女同学只扔给她们一个后脑勺儿，她说很清楚自己想要做什么，知道怎样做才能实现自己的价值。

一开始的起步确实很艰难，她需要钱来支持自己的旅行以及摄影设备方面的花费，指望父母是不可能的，找朋友借钱也不是长久之计。她利用之前的一点儿积蓄，开启了旅行第一站，到了当地之后，她便开启了边工作边旅行的模式。

例如，到了一个新地方，她先工作半个月，在当地深入游玩半个月后，等了解得差不多之后，她会把这个地方好玩好吃的记录下来，编辑成文字发表在网上。

刚开始的时候，关注她的人并不是很多，但随着她去的地方越来越多，拍摄的照片越来越精彩，文字也越来越有趣，她的粉丝也渐渐多了起来。

两年间，她去了无数个地方，从什么都不懂的"小白"成了一个"冒险家"。当然，她用她的爱好赚了很多钱，很多专栏找她供稿，因为她有文笔，也有丰富的素材可供读者观看。即便是没人找她，她自己的专栏号也足以支撑她往后的旅行费用。

做自己喜欢做的事情，其实没那么难。你付出了勇气，付出了坚持，你所热爱的东西就会给你带来甜蜜的果实。

有人问，人生为什么要做自己喜欢的事？很简单，不做自己喜欢的事，难道去做自己厌恶的事？

把热爱变成一种职业不是不可能，前提是要下足够多的功夫，要有超乎常人的勇气和超乎常人的耐力。

生活中最常听到的一句话就是：真好，能做自己喜欢做的事情，真羡慕你。其实这样的话，你何不多告诉一下自己呢？只要你想，你也可以。

别人喜欢插花，去开了花店；别人喜欢做糕点，去开了甜品店；别人喜欢摄影，成了旅拍达人；别人喜欢画画，成了街头画家……

你看到别人都成了自己想成为的人，除了羡慕之外，似乎也没有其他了，因为你不曾想过改变自己的现状，也不想为了自己的爱好去牺牲更多的东西。

也有人经常艳羡我：你的日子过得真好，每天随心所欲地做自己，我在你身上能看到一切美好。

我真的很想告诉跟我说这些话的人，我之所以能做到这样，是因为我付出了足够多的努力。我喜欢写作，便从别的行业跨到这一行，用笔去记录生活，渐渐从 0 到 1，到后面慢慢靠文字养活自己。

这期间，我有过自我怀疑，有过轻度抑郁，但所幸的是，这一切我都没有放弃，才让我成为自己最喜欢的那一类人。

为什么要做自己喜欢做的事？就是为了自己，不想成天机械地活着，没有热情、没有生命力地活着。

过好今天，明天才不会有遗憾

你有没有觉得有时候，明天永远比今天好，明天永远比今天美满，今天完不成的事情，可以拖到明天去完成。你会在心里暗示自己，给自己一种错觉，明天一定可以。

为什么觉得明天比今天好呢？因为依赖心太重。为什么要利用错觉来误导明天比今天好呢？多少个逝去的昨天与今天，其实就是你曾幻想过的明天。把今天过好，才有可能拥有每一个动人的明天，不会让过去留有遗憾。

生活中或许我们都有过这样的想法，以前没去过的地方，未来再去；以前没能见到的人，未来再见；以前没能做好的事情，未来再做。

渐渐的，事情变了味道，风景变了味道，人也变了味道。为什么会有这种感觉呢？

比如，你5岁时想吃的糖，到了15岁才吃，味道是不一样的；你20岁时想买的连衣裙，到30岁时才买穿着感觉是不一样的；你30岁时想去的地方，40岁再去时心境又是不一样的。

有些东西，错过了就是错过了，再怎么努力，都不能还原成当初的模样。有些愿望不去实现，或许就永远也不能实现了。

你想要见的人，你想要做的事，都要趁今天去实现。

很早之前，曾跟表姐约定好，要在十一的时候一起去一次泰国，但一直过了好几年，因为这样或那样的原因，都没有实现。后来表姐去了日本，我们也没有一起去成泰国。约定，从少年讲到青年，一直错过，便成了遗憾。

曾经看过一个纪录片，两个老爷爷在火车站生死离别。彼此之间说着这次见面之后，也许永远不会再见了，因为我们都老了，再也走不动了。

不留遗憾最好的方法，就是珍惜当初的每一个当下，未来才不会有任何遗憾。

你想考研，那就下定决心，不要管别人的意见；

你想出去旅行，那就攒钱，去你想去的地方；

……

没有那么多的今天可以被自己浪费，也没有那么多的明天可以给自己幻想。每个人都应该过好当下，不要给自己增添不必要的烦恼。想见的人就去见，想吃的东西就去吃，活得洒脱才能不负此生。

我想到好友的妈妈，一个劳累一生的女人。

为丈夫生了两个孩子，为家庭操持家务，劳累了一辈子。但她跟丈夫的感情却一直都很糟糕，年轻的时候就出现了裂痕。

旧伤未愈，再添新伤。她常年对好友抱怨丈夫的种种不是，数落他的种种过错，点滴积累在一起，把感情磨得一点儿不剩，甚至说只剩下了仇恨。

好友的妈妈经常气得胸口疼，一宿一宿地睡不着觉。好友看在眼里，疼在心里，但却无能无力，因为她根本无法解决爸妈的矛盾。

在无数次的吵闹之后，好友跟她妈妈谈心。她说："如果真的跟爸爸在一起那么不痛快，那么不幸福，就离婚吧。不要再折磨自己了，放过自己，放过爸爸，也放过我。"

好友妈妈不摇头也不点头，但过后还是一样，接着抱怨，接着生气，又不离婚，无限循环着她的糟糕日子，依旧在受气中一天天地过。

可以说好友妈妈的日子没有一天是开心快乐的。

要抱怨，那就离；要不离，那就好好过。

离，不行；不离，也不行。就只能这么勉强地过一辈子，他们的岁月已经过了三分之二，还有多长的人生可以去赌气呢？委屈的终究是自己，不会牵扯别人。

昨日过不好，今日过不好，又怎么能奢望明天会过好！

有一个人相信大家都很熟，他就是深受病痛折磨与命运抗争的作家史铁生。他曾在文章里说过这样一段话：

"四肢健全的时候，总是抱怨周围环境如何糟糕，突然瘫痪了。坐在轮椅上，怀念当初可以行走，可以奔跑的日子，才知道那时候多么阳光灿烂。又过几年，坐也坐不踏实了，出现褥疮和其他问题，怀念前两年可以安稳坐着的时光，风清日朗。又过几年，得了尿毒症，这时觉得褥疮也还算好的。开始不断地透析了，一天当中没有痛苦的时间越来越少，才知道尿毒症初期也不是那么糟糕。"

不知道你有没有留意，文章里永远有一个"更"字。那又何不去拼命珍惜现在，享受现在，享受当下的每一天呢？

幸福没有明天，也没有昨天，它不怀念过去，也不向往未来，它只有现在。

白岩松说过一句，我很喜欢：人们声称最美好的岁月其实都是最痛苦的，只是事后回忆起来的时候才那么幸福。

把今天过好，明天就不会有多差。

不要总是去担心不必要的事情，活在当下，多想愉快的事情，学着去珍惜时间，享受生活。

不要总是担心儿女的问题，"儿孙自有儿孙福"，自己赚的钱，该花的时候花，该享乐的时候享乐，不要总是存着留给银行做贡献。

不要老是跟生活过不去，学着释放情绪，学着坦然，不要每天愁眉苦脸，该笑的时候就要大笑，多看看阳光，阳光升起，日子就会有希望。

活好昨日，过好当下，才能拥抱美好的未来。

你那么闲，一定很穷吧

上周末，堂妹约我出来喝下午茶。

刚见面，她就开始向我吐苦水：单位的年终奖取消了，同事间的勾心斗角太复杂了，新买的手机还没用到 3 个月就坏了……

我只能点点头又摇摇头，表示无奈。

堂妹毕业后，一直待在我们二线城市一家国企单位里逍遥快活。日子非常悠闲惬意，但挣的钱也不是很多，只够糊口。

人一闲，"幺蛾子"就出来了，不是这里不对劲，就是那里不舒服，全世界都好像针对自己一样。

每次一见到我，她都有一堆怨言。我感慨，她要是忙一点，哪有闲工夫去管这些鸡毛蒜皮的小事。

就像《西游记》里，唐僧忙着取真经，他哪有那么多闲工夫去享受人间的乐趣？他满心满眼里都是真经，要对付各路妖怪，根本没心思去想别的事情。

真正强大的人，在面临问题的时候，都是用智慧去解决，而不是用嘴巴去碎碎念。

闲的人，除了碎碎念，还有一个很大的共同点，就是没钱。

之前的室友，毕业 3 年的一个妹子，每天能闲出病来，我看着都替她着急。

虽然都是在北京，但她身上看不到年轻人的忙碌，别人过马路都是用跑的，她只是慢吞吞地走。周末宅在家里追各种热播剧。买好喜爱的零食饮料，往沙发上一躺，眼睛盯着计算机屏幕，外面发生什么就跟她无关了。

有时候追的剧看完了，心里很空，不知道要干嘛。就会问我们剩下的几个室友，要不要一起出去玩。她闲，可大家忙啊，偶尔一两次还可以一直出去玩，但次数多了谁也不想出去。

其实很惊讶，北京这座城市，还能让人闲着？

她不是家里很有钱的，只是平凡大军里的一分子。

据我所知，她的工资还不够温饱，每次交完房租，她就得哭天哭地，向别人抱怨房租太贵。不到月底，生活费就花光了。学生时期，可以当月光族，工作后再当月光族，脸上就有点挂不住了。

但她没关系，不够了就用"借呗"，下个月再还，长此以往的恶性循环。天天哭穷的是她，天天抱怨的是她，天天不努力工作赚钱的也是她。

她总觉得她年轻，还有时间耗，她看不见时间在无形中流逝。

真正忙碌的人，连哭穷的时间都没有。不是在去会议的路上，就是在加班改方案的办公桌上，哪有时间鬼哭狼嚎？

我记得周冲说过她哥哥的故事。

她哥哥当初为了考研究生，一个多月没洗澡。一个连洗澡的时间都没有的人，可见他在学习上有多疯狂。他哪有时间去抱怨考题有多难，抱怨这过程有多令人抓狂？他知道，时间就是金钱，时间就是能助他一臂之力的力量源泉，他没有时间去感叹、去抱怨。

果然，他成功了。28 岁留美，36 岁拿到绿卡。很早就实现了财务自由，这是多少人的梦寐以求。

周冲的哥哥很努力，其实周冲自己也是努力的楷模。

她为了全力写作，在苍山脚下租了一处房子，全面封闭，不与任何人来往，断了所有的社交，断了所有的娱乐，一心一意写作阅读。哪怕是上个厕所，她都要点开音频刺激写作欲。

她甚至想，一天为什么只有 24 个小时，如果有 36 小时该有多好，能做的事情就更多了。她舍不得把时间浪费掉，一分一秒都要挤出来用了。

没辞职前，她所在的那个乡镇小学，有很多时间让她打发，但一个乡镇老师的工资，不够满足一个有梦想的人。

有闲＝没钱，忙碌＝富有。起码现在对她来说是这样的。

那两年她拼命与时间赛跑，如今她的财务自由也通过那两年的努力实现了。

董明珠有一句话：一个人的成功不在于你有多少财富，而是在于你天天能够忙碌。

董明珠有多忙？她在格力 28 年，没有休过一天假，只一心在事业上。她没有青春吗，她不想玩吗？不是，她只是为了让家人有更好的生活，也是为了成就自己，所以她一刻不愿意闲着。

越富有的人，越是忙碌，越把时间当作宝贝。

小米创始人雷军的愿望，是希望有个假期。因为他平常太忙了，忙得连吃饭的时间都没有。一日三餐经常不准时，午饭要在下午 4 点后，晚饭在午夜 12 点左右。在金山时代工作的时候，雷军每天有 16 个小时在处理工作事务。

十年如一日的勤奋，不是常人能坚持下来的。你有多忙碌，你就有多富有。

反观自己，休息时间都在做什么？是像前面那个室友一样，看电视、玩游戏、刷微博或是玩抖音……还是每天坚持勤奋？

如果把时间看得宝贵，让自己忙碌一点，充实一点，或许我们也能很好地过完这一生。

时间不等人，不趁着年轻忙碌一点，年老大概不会有太多体力再去奔波。现在忙一点，以后闲一点，不要现在闲，以后忙，搞反人生顺序，让自己的一生潦潦草草过完。

第二章

姑娘，你不必等别人来成全自己

独立的女生最有魅力

提起独立这个词，始终都绕不过民国女子张幼仪，她是女性独立的代表。张幼仪曾有过两个称号：离婚前，她是徐志摩太太；离婚后，她是张幼仪。

很多人怜悯她，还是因为她与徐志摩的一段婚姻。徐志摩娶她却不爱她，待她还不如一个朋友般亲切友好。

但正是因为这段婚姻的失败，才成就了勇敢自强的张幼仪。离婚后的她，没有自甘堕落，反而是勇往直前。离婚后，张幼仪出任上海女子商业储蓄银行副总裁，在金融界创造一个又一个传奇；创立上海最时尚的云裳服装公司，使之成为最高端的名媛聚集地。

当一个人变得精彩的时候，更精彩的东西也会随之而来。虽然她没有得到徐志摩的感情反馈，却也在几十年后重新收获了一份属于自己的感情。最重要的是，她活得洒脱自如，她虽算不上漂亮，却因为人格与精神的独立，散发着无穷的魅力。

如果不独立，她怎么能在某个领域成就更好的自己？

在这个世界上，只有自己才是自己的救世主。同样，也要靠自己的努力，才能给自己争来一席之地。

逛豆瓣的时候，经常会在主页面看到一些征友信息，也因为好奇所以点进去看过。当看到第 10 位男生的征友信息之后，我就发现，大部分的征友条件都雷同。

什么是独立呢？遇到事情要有主见，不要总是依赖别人，人格独立；能自给自足，自己有能力养活自己，精神独立……虽然没有给出明确的方向和概念，但这样不意味着女生从方方面面都要独立。

因为独立，才会让人对自己竖起大拇指，才会对自己赞赏。或许男性并不需要你赚多少钱，但你起码得有自己赚钱的能力，能赚和不赚是两种不一样的概念，前者赢来别人的尊重，后者只会让人瞧不起。

很喜欢胡适说的一段话：女性们在向外界寻求自由，但自由是针对外面束缚而言的，独立是我们自己的事，追求自由而不独立，仍是奴隶。

女生越独立，烦恼就会越远离你。相反，你不独立，你的烦恼就会尤其多。

我认识一个比我小几岁的姑娘，她算是众多"95 后"里性格很好的姑娘。那一阵她刚好来我的城市参加研究生复试，我很热情地接待了她，之所以这样，是因为她乐观、积极、阳光又独立，我喜欢跟她相处，也喜欢从她身上汲取更多的能量。

姑娘 1997 年出生，面容稚嫩，内心却非常强大。因为熟悉，所以对她的人生经历也多少有些了解。她从小父母离异，父亲远走他乡，只留下她妈妈和她弟弟三人相依为命。

小时候别人有的玩具，她没有；别人能去的地方，她不能去。她一直在那种压抑的环境下度过青春岁月。好在她学习刻苦，不用单身妈妈为她操心。

第一次考研究生的时候，因为本科学校不太好，在复试的时候被刷了下去。但她没有妥协，她始终觉得还要再给自己一次机会，于是选择了"二战"。

报考前夕，她趴在书桌上跟我说："姐，我真的希望这次能过。我想证明自己可以，让妈妈不再那么操劳，让自己早点独立。"

我安慰她："不管结果如何，你都非常棒了，在以后的生活或职场中，我都相信你能有份属于自己的事业，更何况，你这次被录取的机会很大。"

我清楚地知道，一个人的原生家庭能给她带来多么大的影响。可是姑娘化苦情为动力，一直保持自我，追求自我，我觉得她没有理由不走出一条精彩的人生路。

独立到骨子里，才会精彩到骨子里，不依附、不取悦，才能做自己世界里的女王。要独立是预示着女生强大到不需要别人吗？不是的，女生只要有能力照顾好自己的生活以及情感方面的需求就足够了。

何为独立？所谓"独"，就是单独、自己的意思；所谓

"立"，就是立身、立命。女性要承担自己在社会中的职责和义务，就算别人不能很好地照顾自己，自己也有能力去照顾自己，去爱自己。

曾经有人问：做一个独立的女生有怎样的体验？

我想最好的体验大概是，想买的东西自己能买得起，父母生病不用四处求人，想去的地方可以说走就走，大小事面前都能自己定夺，能活成别人羡慕的样子。

看过太多因为不独立而过得很惨的人，尤其在婚姻方面。很多女生喜欢把丈夫当作救命稻草，以为只要结婚了，就能实现自己一生的幸福和保障。

当然，你可以花丈夫的钱，但你要为未来做打算，不要因为有朝一日，他不再给你钱花，你就摇尾乞怜。

无论何时何地，你都要有自保的能力。即使一家公司要裁掉你，你也能找到一份更好的工作；即使一个男人要与你离婚，你也能有经济来源……

做一个自信的女生

什么是自信？这是一个值得好好来回答的问题。很多人容易对它产生误会，甚至还有人回答，一个人长得好看，家境好，自然就会洋溢自信。

是这样吗？当然不是。一个人生得好看，只是附属品，随着时间的流逝，美貌会渐渐凋零；一个人家境好，也不等同于他的自身能力就好，所以也不值得炫耀。

真正的自信，是源于灵魂里的气质与才华，也就是由内到外的美丽。真正的自信可以是你弹一手美妙的钢琴，能写一手漂亮的毛笔字，甚至可以是在自己的领域成为行业的翘楚……这些都是值得自信的。

我曾经去听过一个讲座，那位老师外表并不是那么好看，但她浑身散发的气场，却可以震慑到现场所有人。那种自信一看便知，是来自骨子里的。

但这样一个自信的人，却有不为人知的过往。

她在讲座上说，因为脸上有一块不小的红色印记，她从小被人当成"丑小鸭"，甚至连小朋友都不愿意跟她做朋友，这让她觉得很委屈。她在自己身上看不到任何闪光点，有一段时间，她陷入了极度的自卑中。

在所有人都放弃她的时候，她的老师很耐心地教导她，挖掘她的特长，让她在自己的特长里展现光芒。

她写得一手好文章，老师经常会在课堂上把她的文章当成范文来朗诵。在其他地方找不到的存在感，每次都能在念课文的时候找到。只有那个时候，她才觉得自己是插上翅膀的天使，真的可以飞翔。

她渐渐在文章里找到自信，也越来越用功，参加更多的作文比赛，每次比赛成绩都是省市前三。

她不再把心思放到自己脸上的那块印记上了，而是把更多的心思放在学习上。多年过去，她成为一个了不起的作家，成为那个站在讲台上光芒万丈的人。

你的某一个优点与特长，你把它无限放大，把它反复雕琢，最终让它成为你可以拿得出手的利器，你可以依靠它获得自信。

人之所以不够自信，是因为自己身上没有一项可取之处，要想改变这种不自信，必须去做点什么，去改变点什么。

我认识一个钢琴老师，她长得矮小，还有点胖，容颜更是不出色，把她放到随便一个地方，都不会引人注目。

但她只要一坐到钢琴旁边，整个人的气场都变得不一样，她马上变得活络起来，变得有灵气起来。她弹的曲子优美动人，在场的所有人都能沉浸其中。我能在她身上看到平时没有的，一种别人无论如何也学不来的自信。

她说："我在别处找不到自信，就在钢琴里找。钢琴让我专注，让我能找到自己，也让我能觉得自己是有价值的。"

因为体形不佳，她曾受过很多冷眼，失去很多机会，连恋爱都没谈过一次像样的，每次都是短短两个月就结束。

没有人夸她可爱，没有人赞赏她的优点，一切看上去都普通到极点。但热爱钢琴之后，一切都变得不一样了。

我经常看到她鼓舞学生，告诉他们："只要你热爱，你想发光，你就能行。"那一刻，那个平凡的她，曾经不自信的她，仿佛变成了世界上最自信的女孩。

当她在钢琴领域找到自信时，她试着改变更多，慢慢地去塑造自己的体形，每天坚持去健身房锻炼，当别人在沙发上享受热门电视剧时，她还在那台跑步机上挥汗如雨。

几个月之后，再次见到她，她成了另外一个人。

你变得自信时，各方面状态也会变得越来越好，其他随之而来的自然更加精彩。

当自己变得自信之后，就会赢得比之前多几倍的机会，你会觉得曾经厌恶自己的幸运之神都很眷顾你。

如果你不美，你要努力让自己变得美起来。你可以没有天生的好容貌，但是你要有自信的底气；你可以出生在糟糕的家庭，但你要有改变它的勇气。

你不能等着别人来批判你，你要懂得自己批判自己，然后去改正自己，在这过程中蜕变成自己喜欢的人。

你全身上下总得有一个闪光点，并且这个闪光点是不会随着时间的流逝而消失的。

曾看到一位读者的留言，她说自己现在是个很不自信的女生，尤其看到年纪已经突破 30 岁大关，还是一事无成，也没有男朋友。缺乏自信的同时也很焦虑，问我该怎么解决她这种情况。

为什么会导致这种情况呢？是因为她没有底气，无论是从物质上还是从精神上来说，她都没有，加上自己年纪越来越大，也就越没有安全感，越来越不自信。

从以上看来，这个女生平常的工作不是很忙，爱好也不多，不然一个非常忙碌的女生，是没有闲工夫想这些的。

为什么说近 30 岁的女生就一定要结婚呢？没有任何一条法律规定女性一定要在 30 岁之前结婚生子。所有的恐惧与不自信皆来自自己，如果自己有事业，有拿得出手的才华，就不至于让自己陷入如此恐慌。

我看过很多近 40 岁都没有如此恐慌的女性。仔细看看她们的照片，你会发现她们活得很精彩，脸上甚至没有愁容，全是如沐春风般的微笑。当然，这些的背后，是因为她们有足够强大的事业，在助她们一臂之力。

自信，是自己争取来的。自信的背后，都是惊人的自律。如果你觉得你缺乏自信，你不妨问问自己，有没有做过什么让自己满意的事情，有没有持之以恒地冲一个目标努力过。如果没有，那么你该反省一下自己不自信的原因了。

慢一点，把日子过成诗

"快一点，红灯要亮了。"于是你不顾脚上的高跟鞋，往前飞奔；

"快一点，客户要到了。"于是你不顾刚吃到一半的午饭，起身赶往会议室；

"快一点，老板催方案了。"于是你不顾满身的疲惫，凌晨2点还在奋斗；

……

这些，似乎成了我们每天不可忽略的事情。在偌大的城市，拖着疲惫的身躯，终日在两点一线之间奉献自己的汗水与青春，为了生计，忙得昏天暗地。

多少人因为赶时间，把自己活成了一个没有"层次感"的人。什么东西都可以应付，什么东西都可以敷衍。

因为没时间，天天吃着最无味的快餐；因为没时间，便潦草地敷一张面膜；因为没时间，一个月都不能去运动一次；因为没时间，来不及多看一眼黑夜星辰……仿佛自己成了城市里最忙的人。

生活要懂得收与放，一味赶路有什么意义呢？如果是这样，只能说一句——人生不值得。

我记得有个朋友说过，人生每个阶段，都要有它该有的样子：吃饭的时候就该好好吃饭，睡觉的时候就该好好睡觉，玩的时候就该好好玩，学习的时候就该好好学习。

为什么要把那些本来属于自己的时光，给生生分掉呢？这对于自己而言并不公平。

偶尔慢一点，你会发现其中的乐趣，也能体会到生活所带来的美好。你慢慢嚼一口饼，你会发现饼的美味；你慢慢走路，你会感受到人生百态。慢一点，你会发现歌好听，花好看，世界很美好。

我们不是机器，我们有七情与六欲。姑娘，你可以活得更精致点儿。

前段时间在豆瓣上看到一篇文章，文章的本身并没引起多大关注，引起关注的是写这文章的那位作者。

作者是个 90 后姑娘，因为热爱生活，热爱阳光，她辞职去了大理，告别了大城市的喧嚣。

在那之前，她是个互联网从业者，跟所有上班族一样，忙得焦头烂额，经常加班到半夜，早上顶着熊猫眼去公司，几乎每天如此，没有一点时间属于自己。

也不知道从什么时候开始，她厌倦了这种每天忙碌的日子，于是就递了辞职报告。

因为长期熬夜，饮食不规律，她患上了慢性胃炎。

她在文里说，虽然钱赚得比以前少了一点，但快乐却多了一点，钱永远是赚不完的，身体与快乐却是用金钱难以买到的。

她在大理，日出而作，日落而息，租一个院子，养一窝鸡……她说从来不知道日子还能这样过。因为心态好，生活节奏慢，她的慢性胃炎也稳定了很多。

她做了很多有意义的事情，把自己收拾得也很妥当，活成了一首慢悠悠的诗。

日子慢慢过，人生短短 3 万多天，每天都急匆匆地赶路，真正属于自己的日子又有多少呢？屈指可数。

走得太快，你看不到沿途风景，体验不到人世美味，也没有属于你的永恒时光。

这里所谓的"慢"，并不是一定要你选择过节奏慢的生活，而是让你在做某件事情的时候，不要太"急功近利"，而要享受每一个过程。

工作疲惫的时候，不必要的加班要懂得拒绝，给自己放个小假，让脑袋放松，心灵放松，也许接纳的东西会更多，更有创意的灵感反而会来得很快。

每天抽点时间锻炼一下自己的身体，不要总是拖着疲惫的身体超负荷去做工作。时间再紧张，也要好好吃饭，你的胃不应该跟你一起受折磨。

如果时间允许，给自己打盆洗脚水，泡脚的同时看一部电影，享受一下慢节奏生活。平常工作的时候不要三心二意，不要看一下手机赶一下方案，把这些节省的时间都放到自己该做的事情上去。日子久了，你会发现，工作做好了，生活也过好了。

很多人总是抱怨时间太快，自己一事无成，天天慌张地过。

前一阵子，与一个 1995 年的朋友聊天。才刚接通电话，那边的抱怨就响起来了。我问她怎么了，她说自己一事无成，觉得生活很没意思，自己都快要抑郁了。

我问她："你多大？"

"刚满 24 岁。"

我接着问："上班多久了？"

"不到一年。"

我在电话这头，狠狠地叹了口气，但她并没察觉到。

我说："你也知道你刚 24 岁，你还想要怎么样呢？你想有什么呢？你有什么不满足的呢？"

我这一连串的问句倒是把她给问傻了，她说她没明白。

很简单，她才 24 岁，不可能一下子什么都有，也不可能在一年里就获得所有想要的东西。

什么样的年龄，过什么样的生活，只要认真努力就好了，过于心急，除了让自己抑郁之外，还有什么好处呢？没有。

回头看看，都市里那些拼命往前赶的人，因为太不懂得怜惜自己，赶出了一身病，到最后什么都没有。

昨晚刷微博，页面弹出一则新闻：一名 38 岁的女子因为长期熬夜，饮食不规律，严重咳血，诊断得了肺结核。

日赶夜赶，先拿身体换钱，再拿钱换身体。可我想说的是，为什么不能匀称点儿呢？这么着急往前赶，最后的好处在哪儿，自己病了不还是要自己负责吗？

你慢一点，给自己创造慢节奏的生活，给身体带去更多的享受，身体健康，才能换来更多。

没有该结婚的年龄，只有该结婚的感情

午夜 12 点，又接到闺蜜的轰炸电话，为什么说轰炸，是因为被她烦透了。最近她的婚姻问题把她的生活搅得七荤八素，连带着我也一起没有好日子过。

她今年 29 岁，她说 29 岁是女人一生的关卡，如果不趁早在这一年找到合适的对象，后面的日子就都不好过了。

她父母催婚，她也催自己结婚。好像要是在这一年找不到合适的对象，后面的人生就完蛋了一样。

我骂过她好几回，让她理性点，她不听。照样急得像热锅上的蚂蚁，下班第一件事就是去厕所补妆，然后来见相亲对象。

来来回回折腾了二十来次，没一个合适的，她说就是看着都不顺眼，屁股刚着椅子就想跑；但又碍于父母，也碍于自己的年龄，只能老老实实、温婉地坐着。

就这样，一直到 30 岁，无果。一年的时间也没有找到意中人，宝贵的时间也一分一秒地流逝掉了。

只有该结婚的感情，哪有什么该结婚的年龄啊！

不知从何时开始，年龄成了一个魔鬼词，30 岁成了一道难以逾越的坎。

前阵子看《我家那闺女》，这哪是什么综艺，简直是一场催婚大戏。31岁的袁姗姗、30岁的何雯娜，无一幸免，被父母催婚，被介绍对象。

在年龄面前，没有"你是谁"一说，红极一时的演艺明星无法幸免，为国争光的奥运冠军也无法幸免。

30岁又怎样呢？30岁就应该结婚，就应该遵循老一辈的传统去过活吗？醒醒吧，30岁只不过是人生的开始而已。

像闺蜜那样，即便她在29岁那年找对象，潦草结婚，就能代表她往后的日子会过得幸福吗？我看未必。结婚之前，应对的是一个人的琐事，结婚之后，应对的是一家人的琐事。如果没有准备好，你根本无从下手。

我在出差的高铁上遇见一个30多岁的姐姐，因为目的地较远，于是便闲聊了起来。

她问我结婚没有，我摇头，反问她："你呢？"她点头。

姐姐35岁，5年前结的婚，她说她就是30岁赶"潮流"的那批人。面对父母的怒言相逼、众人的威逼利诱，她缴械投降，乖乖听从父母的安排，去见相亲对象，最后在无数个相亲对象中，选择了父母中意的那个，便与他结了婚，生了孩子。

在没有深爱的前提下结婚，她幸福了吗？没有。相反，她变得更不幸了。之前一个人时，只单纯打理自己的生活就好，结婚之后却要处理一家人的生活。

　　为了一点鸡毛蒜皮的小事，可以不分场合地开战。她说她又累又后悔，如了爸妈的愿，毁了自己半生幸福。有时候她在想，自己就是为了爸妈去结的婚，只不过结婚过日子的人是自己。

　　多少人都是这样呢？硬着头皮迎合家人的想法，又硬着头皮吃下苦果。

　　其实在父母面前这不是孝顺，想让父母开心方法有千万种，为什么要选择最艰难的这种？

　　到站后，我只能祝福那个一脸愁容的姐姐，除此之外，别无他法。

　　说到这个问题，我很自然地想起我的初中同学小为。小为1991年出生，目前已经28岁，也不幸地成为被催婚一族。

　　他跟我说，为了让父母开心，他在两年内分别带过5个女生回家。不管交往的时间多长，只要是在交往期间，他就把人往家领。

　　一开始父母很开心，儿子终于带女友回家了，以后的事情也是顺其自然的。但没有家人想得那么简单，因为他只是应付地交往，在每段感情中，他都没有全心全意地付出，女孩也不傻，时间一长，便分手走人了。

　　分手他也不愁，继续找，找到的第一件事就是往家里领，一直如此循环。他父母在这过程中，出现了比较的心理，喜欢将几个女友对比。如果谁一点做得不对，对比之心马上就会滋生出来，转而化成一副难堪的面孔丢给那个女孩。

现如今，他依旧单身，他说他都麻木了，不会爱人也不奢望被爱，只要他父母开心就行了。

我听完，替他感到悲哀，替所有即将 30 岁的人感到悲哀。人生是自己的，幸福是自己的，却这么敷衍对待自己的余生。说得好听是取悦父母，说得难听就是不负责任，自甘堕落。

无论世道再怎么变，自己的初心不能变，始终坚持自己认为对的，才是最重要的。

没有什么一定要结婚的年龄，试问如果自己都没准备好，一定要去结婚，那岂不是把自己的幸福与别人的幸福都给葬送掉了吗？

很多人都存在一个误区，认为越早结婚越好，年轻的资本会换取更多婚姻的幸福，其实这是错误的。

早在之前，社会学家保罗曾做过一项婚姻调研：结婚越晚，婚姻的稳定性越高。

为什么这样说？很简单，年纪越大，阅历越丰富，人生智慧也越多，对待事情能由理性支配大脑，不会像年轻人那样冲动，为一点小事就要死要活。

最后，一段话终结这篇文章。

30 岁，并不是"暮年"，而是青年。感情急不来，它有一种磁场感应，你越急它越躲着你。相反，你越安然，它越跟着你来，不要相信"结婚要趁早"这种鬼话。

学会与自己独处

不管你信不信，独处的时光都是最宝贵的。年纪越大，越能体会到独处的好处。

前两年一个很久没联系的朋友，忽然找到我，说她心情抑郁，想来我的城市散散心。她一共来 8 天。其实我本没有那么多时间陪伴她，但碍于面子，只能说："你来吧，我带你四处逛逛。"

那几天的生活，作息很不规律，凌晨 3 点睡，中午 11 点才起床。一天 24 个小时，除了睡觉那几个小时，几乎每天都腻在一起疯玩。

她回去之后，我才慢慢恢复我正常的作息时间，恢复饮食健康。

后来在一次聚会上，我们再次聚到了一起。她说："我抽时间还要去找你玩。"我开玩笑地回复她："好啊，只是下次，留点时间，让我自己独处一会儿吧。"随后我们相视大笑。

我说的是真的，我是真想独处一会儿，哪怕夜里，单独留 2 个小时，我安安静静地看看书，或看一部电影。

早已经过了爱打闹的年纪，年龄越大，越发觉得时间宝贵，独处难得。后来很多次，朋友打电话邀逛街、吃饭，我都给拒绝了。时间越久，她们就会觉得我"架子"越来越大，也越来越冷漠了。

我再三解释，其实我只是想多留点时间给自己，并没有其他的意思。

我相信很多人都会有这样的感受，当朋友约你吃饭说是联络感情时，事实往往并非如此。你们见面、点菜、吃饭，你们的谈话并不超过 20 句，很多时候都是各自低头看手机。

其实那个时候，你很想早点结束这样的场合，与其各自低头看手机，不如回到自己的天地里一个人发呆。

又或者一群人聚会时，你变成了人群中最孤独的那个人，显得格格不入，在所有人频频举杯的时候，你就想逃避。你也说不出聚会哪里不好，就是融不进去。你也不知道从什么时候开始，喜欢享受一个人的世界。

但也有人会问，独处好吗，会孤独吗？其实两者都会。

独处，能享受更多的时光。有更多属于自己的时间，去做自己想做的事情。人，都应该学会独处，学会在孤独里自己与自己相处。

独处是一种能力，很多时候，它能助你一臂之力。把时间浪费在无谓的社交中，不如与孤独狂欢，做更有意义的事情。

关于独处，我想我不会忘记那个"风"一样的女子。

余悦是我发小的一个朋友，因为都爱好读书，便互相认识了。初识时，她让我惊讶。她看似放荡不羁，其实相当有才华。

对于一个同龄人拥有比自己高出一半的才华，那肯定是要仰望的。

聊天的过程中，得知她是一个很会与自己独处的人。如今，她早习惯了那样的生活，习惯独处的日子。她什么时候开始学会独处的呢？从中学开始。

没有人刻意去限制她，规定她，但她好像很有自己的一套，或许可以比同龄人成熟。但无论如何，她与自己独处得很愉快，并不压抑。

没有养成去哪里非要图个伴的习惯，她安安静静地做自己，与书本对话，与时光对话，在清净的图书馆里争分夺秒，考上省重点。最后还是继续利用独处的时光，一直到博士毕业。

趁她喝水的工夫，我打断她："孤独吗？"她淡淡一笑说，不孤独。隔了三秒，又大笑，继续说，漫漫长路怎么可能会不孤独呢？孤独的同时转念一想，人只有经历孤独，才能破茧而出，为了前途，忍啦。

独处的时间长了之后，便养成了一种习惯，不喜欢去热闹的地方，只想安静地做自己的事情。

最后离别时，我跟她说："你真了不起。"

她的了不起，源于多年的孤独。不是说她那么多年来，大门不出，二门不迈，只是说，她能守得住初心，也能熬得住最苦的寂寞。

多年前我在豆瓣上看到一则故事，至今还记忆犹新。

故事的主人公说了她大学毕业刚参加工作的经历。在文里，她给自己取名叫蝴蝶。

蝴蝶 22 岁毕业那年，参加了工作。因为是新人，领导变着法儿地"欺压"她，把她当成 3 个人用，她敢怒不敢言。

她装下了属于她和不属于她的所有工作。从凌晨到清晨，从办公楼里的工位到家里寂静的书桌，她低着头，一遍又一遍，构思、修改、加工、完结。

对于她来说，所谓的独处，其实就是在黑夜里剥一层又一层的皮，熬过去了之后就新生了。她熬过去了吗？熬过去了，不然她也不会记录下这篇文章。

365 天，她有 350 天与自己独处，独处给她带来了什么？从一个透明的"小白"成了干练的总监。她笑，一切都值得。

你要学会独处，无论何种境地，它都能给你带来不一样的果实。

工作时，能给你带来成绩；

生活时，能给你带来思考；

旅行时，能给你带来静谧。

它能给予你最好的一切，也能成全你最好的一切。

我自从来到昆明之后，每一天的日子都在独处，我特意把房租在最偏远的郊区，为的就是阻止自己去繁华热闹的场所。当我自己管不住腿时，就让环境来帮我管理。

每天围着计算机、书桌与书本，除了送外卖的，我看不到其他人。实在想听下外界声音，就与远在他乡的亲人视频聊聊天，或看看电影解解闷。这样的生活我并不感觉闷，相反还很快乐，因为我有很多时间去做自己想做的事情，没有任何人来打扰我，我内心是幸福的。

独处很正常，你四处看看，就能发现，搞音乐的人，搞写作的人，经常连白天黑夜都分不清楚，更别说人影了！

独处是什么？对酒当歌，与自己把酒言欢，是世间赐予的最好的祝福，你没有理由不去珍惜它。

生活别去分析，而是将它过好

我看了《无出路咖啡馆》，很喜欢它，因为我喜欢里面的主人公——一个 29 岁的大龄女留学生。

书里的几幕，给我留下极深的印象：

在芝加哥的街头，她冻得把脑袋缩进大衣里；

为了交房租，她吃着最廉价的食物，干着最辛苦的工作；

生活贫穷，却始终热爱文学。

一连串的倒霉事都让她碰上了，被餐馆老板解雇，奖学金泡汤，账单成堆。

她的处境十分悲催，繁重的学业，昂贵的房租，永远付不完的账单。

妥协吗？不，决不。她没有妥协。在生活上穷困潦倒，骨子里却高风亮节。在那么复杂的情况下，无论身心有多糟糕，她依然坚强地生活下去。

我时常想，如果换成自己会怎么样呢？是像主人公那样咬牙坚持下去，还是临阵当逃兵？后来想一想，不太现实，都到了那节骨眼，不认真过下去，似乎也无路可退。

这虽然是一部小说，却是作者严歌苓的亲身经历。可见，每个光鲜亮丽的背后，都有一段不堪回首的过往。功成名就的人如此，又何况你我凡人呢？

人生总会有不如意之事，最主要的是有决心与生活拼搏奋斗。

去年寒假开学之际，我送妹妹去学校，那天下起了大雨，我跟妹妹坐在车里，静静等待时间流逝。

在车窗外看到一个送女儿上学的妈妈，骑着一辆电动三轮车，因为没有挡风玻璃，被雨淋得几乎睁不开眼睛。她女儿紧紧依偎着妈妈，后面的行李因为没有遮挡，几乎被雨水全打湿了。

我在那位妈妈身上，看到了隐忍与坚强，也在女儿身上，看到了乐观与坚强。

生活不曾怜惜谁，谁先认命，谁先输。

虽然我看到的只是两个人，却是大部分现实世界的缩影，还有很多看不到的，都在默默负重前行。

我还记得那个考研考了两次都没过的女同学，她一边痛哭又一边微笑的样子。她说她尽力了，可总是有这样那样的原因，与成功失之交臂。

其实她并没有与成功失之交臂，因为她很坚强，坚强是成功路上的有力武器，能"降妖伏魔"。

有一个同学，在研究生毕业前都活得很累。

她靠自己打工赚取大学费用，甚至还要从她微薄的薪水里，贴补一些家用。考上研究生之后，依旧如此。每一天都把自己逼得很紧张，时间分成好几段，每一段都做了详细的规划。

有一段时间，她甚至得了轻微抑郁，别人看到早上的阳光，会觉得真好，又是新的一天，但她看到早上的阳光，会想：真难，又要重新累一天。

她心里的苦不敢跟她爸妈讲，只能回家在那本很旧的笔记本上记录，以发泄自己的压力。

有一次她在赶去做家教的路上，因为太困，靠着座椅睡着了，结果坐过了站，直接坐到了终点。迟到，罚款，她把脸埋在双手里痛哭。自己辛苦起那么早，但面对的结果却是这样不美好，想一想，生活太会欺负人了，自己只能忍气吞声。

有时候，无论你多么努力，你还是会觉得生活会欺负你，好运迟迟不肯到来，似乎看不到尽头。你明明一天到晚都很努力，得来的成绩却是微弱的、不成正比的。

可即便这样，还是得好好生活不是吗？因为厄运不可能一直在，好运也不会一直躲避。借用村上春树一句话：尽管眼下十分艰难，可日后这段经历说不定会开花结果。

那位同学精疲力竭地熬过了最黑暗的时期，研究生毕业时，拿到了上市公司的 offer（录用通知），各方面的条件和待遇都很不错，唯一的缺点就是工作的时间稍微长一点，但对于她来说，比起曾经的黑暗过往，那都不是问题了。

"知乎"上曾经有个问题——哪一刻你觉得生活很艰难？

大概是这个问题触动了很多人的心灵，所以回复的人非常多，有几条在众多回复中特别显眼。

Tracy：因为工作太晚回家，自己忘了带钥匙，室友睡着了，叫门不应。为了省钱，在 8 摄氏度的气温中，靠在楼道的角落里蹲了一宿。第二天，依旧像什么也没发生一样照常去上班。

桃子：家里的洗衣机坏了，排水管破裂，洗完衣服之后，阳台上堆满了水，怎么办？还能怎么办！家里只有自己一个人，只好自己硬着头皮干起来。那一瞬间，忘记了自己是个只有 80 多斤的女孩子，一点点进行手动排水，忙活完之后，又一个人跑去超市买新的管子。

茉莉：跟男友相恋多年，马上就要订婚了，就在订婚的前夕，男友妈妈忽然否认这门婚事，并且态度非常坚决。我求了他妈妈整整一天，依旧无效，男友也不是很坚定地站在我这边。当时只觉得整个世界都是黑暗的，那种感觉就好比掉到深渊里，没有人救你一样可怕。

米粒：交完房租，卡里只剩下了 200 元钱，那 200 元钱，我要过 20 天。那 20 天，我早晚喝粥，中午吃泡面，瘦了 10 斤。

……　……

看到这些，多少能想到自己曾经面临过的难事；看到这些，又忽然觉得，原来大家的生活都那么不容易，不光是自己一个人那么难熬，全世界的人都一样难熬。

人生就是一场修行，生活中的苦难，是谁都逃不掉的。如果人一定要说一个输赢，那就看谁能在生活的苦难修行中熬下去。谁熬下去了，谁就是赢家。

　　至于生活，真的不能去分析它，越分析就会越纠结。不如踏踏实实过好它，这才是关键。

竭尽全力，才能看起来毫不费力

先说说董卿吧，智慧与美丽的结合。

她是知识形象代言人，很多人说她用知识完美地诠释了当代女性的知性美。

从《朗读者》到《中国诗词大会》，她出口成章，无时不展示着她惊人的博学，她确实配得上最美的称赞。

她示于人前的才学，是天赋所予？不，她也是走的平凡路，并且那种平凡，从小学就开始了。

小学时期，别人玩各种玩具的时候，她就已经开启了背唐诗宋词的模式，四字成语也已熟记于心。幼时她没少读经典名著，《红楼梦》《茶花女》等她都会在笔记本上厘清人物关系。

别人有童年，她没有。她不想出去玩吗？或许她知道，只有学习好了，才有资格出去玩。

自律成为习惯之后，想改变都很难，董卿小学便开启了这种自律的模式，对她往后的人生，也带来了很大的帮助。

工作之后的董卿，无论再忙，也不会停止阅读和学习。我记得她曾在一则访谈里说，睡觉前的一个小时，一定会看书，手机绝对不会带进卧室，只有书陪伴自己入眠。

她把自己磨炼到了一种怎样的境地呢？她说，如果自己几天不读书，她会觉得自己像几天没洗澡那样难受。美丽可以天生，但才华不是，才华只有苦学才能拥有。

那个站在万千大众面前，展示自己优雅学识一面的董卿，与常人无异，用她自己的话说，她是一个活得特别用力的人，因为她不怕受苦受累。所以你看到的那个洒脱、自信又博学的女人，只是在人后极致用力罢了。

没有唾手可得的成功，只有千锤百炼的努力，才能换来毫不费力的模样，成功悄无声息地藏在你每一次的用力里。

我认识的一个姑娘，月收入可观。我看她每天拼死拼活，好意劝她："休个假吧？"

她却一点都不领情："休个假的工夫，我就损失了一个限量LV（奢侈品品牌），你赔我？"

她是小镇里走出来的姑娘，见过大风大浪，更懂得人情冷暖。她知道现在努力，要比日后努力实在得多。

一次周末，在饭局上，她饭吃到一半，就急匆匆地走了，留下我们一桌人面面相觑。后来她跟我们解释，因为一个客户急着要方案，问她能不能加急做出来。她不好拒绝，所以就二话没说去做她的方案了。

因为经常熬夜，大概两年，她就熬出了大黑眼圈，不过同时也获得了总监的位置。

每次她风光无限地回家时，别人见到的只是她的名牌包包、名牌衣服，都以为她的成功是挥一挥手就能得来的。

但谁又看见，她在凌晨绞尽脑汁伏案工作；谁又知道，她的胃被多少白酒糟蹋过；谁又懂得，她成功的背后有多少不为人知的心酸……

别人看到的，永远只是结果，他们会自动屏蔽你努力的过程，过程于别人而言不重要，重要的就是你成功时候的样子。

前晚12点文友发来消息，问我睡了没有。

那时我刷完牙，正准备入睡。

她说她的稿件又被编辑打回来了，已经是第三次修改了，但为了稿费，不得不苦苦支撑着。

我似乎都能感受到屏幕后面，她传来的叹气声。我知道，她只不过是找人抱怨下罢了，抱怨完了，她还是要回到自己该有的状态里去。

所以我安慰她："加油，还有很多人跟你一样，没有睡觉，在奋斗着，要不信，你拉开窗帘看看，外面的灯有的还没有熄，有的车还在行驶，大家都在奋斗。"

她传过来一个加油的表情，互道了晚安。

第二天她告诉我，她熬夜修改了稿件，这次编辑没有再挑毛病，相反还赞赏了她。

漂亮的稿件背后，谁又知道这是一个姑娘牺牲了多少脑细胞换来的呢？这又是一个姑娘用多少次的努力换来的呢？只能再一次说 sorry（对不起），没有。

无关紧要，别人可以看不见你的努力，但你自己一定要看见自己的努力，青春才不会被白白浪费。

热播剧《都挺好》里的苏明玉，为了实现自己的梦想，为了能成为经济独立的人，自己攒钱去国外读书。18 岁便开启了她的打工生涯，做各种类型的工作：街边发传单，超市当售卖员，当家教，做销售……哪里赚钱去哪里。

虽然活得那么艰苦，但她也活得成功啊，她赚到了足够多的钱，多到可以"用钱摆平一切"。多少人想"用钱摆平一切"，那是梦寐以求的事。

不是有一句很酷的话嘛：要想人前显贵，必须人后受罪。

你要是想看上去很酷，就得努力，收起你的三分钟热度，做一个持之以衡的人。累的时候，记得照照镜子，努力的人，最可爱。

35 岁前，你应该成为这样的女人

很多时候，你总是习惯了"天命"，觉得这是上天安排的事情，想不到更好的应对方法时，就要老实去接受。于是你无条件顺从，工作、结婚、生子，一路以来都是这样，最后的最后，把整个重心都放在生活的琐碎上，开始觉得自己的人生也就"那样"了。

米兰今年 32 岁，30 岁生日前夕，她生下了她的大宝。30 岁之前，她也曾对未来有过许多畅想。

她出生在一个小城镇，城镇不发达，大学毕业之后，她没回去，留在了大一点的城市里。她家里还有两个姐姐，姐姐们为了让米兰上大学，相继放弃了学业，她是全家人的希望。

虽然留在了大城市，但这并不代表所有的机会就会垂青自己。她也跟很多人一样，进入公司，成为公司最基层的职员，好在她热爱自己的工作，从不喊苦累。

熬了几年，从不起眼的基层跳到了主管的位子，她嘴角的笑容明显多了起来。那笑里，还有另外一个含义，也总算是没有愧对自己的家人。

但自从米兰结婚生子之后，日子就一下子不一样了。

很久前，她妈把她叫到跟前，说："你呢，一直是家里最听话最省心的孩子，现在也到了成婚的年纪了，也不能老耽搁，有合适的就赶紧嫁了吧。

她确实是够听话的，家人说什么，她听什么。于是恋爱、结婚、生子，这些对大龄女性都很波折的问题，她一下就给轻松解决了。

去年年底，她来我家，一进门，就把我拖进了房里，开始委屈起来。

她说："结婚生娃这几年来，我每天的日子，就是一个'复读机'，不断循环着一模一样的事。很多时候都想改变，想变成自己喜欢的那样。但孩子一哭，那种想法又马上变回来了，又变成了相夫教子的模式。"

我本来想吼她一嗓子，但是看她可怜兮兮的模样，口气就软了下来，话语不痛不痒地落在空气中："你还很年轻啊，离35岁都还有好几年，不该就这么霉着过，你想要去做的尽管去做好了，千万不能活出未老先衰的模样。"

米兰内心深处有一种欲望，就是那种能成为自己的欲望，但是那种欲望在生活的琐碎下，一点点给磨灭掉了。如今看到我，似乎又活了过来，因为我在她的眼里，永远是爱折腾的女青年。

她"活"一阵，"死"一阵，思想受尽折磨，最后连自己都麻木了，她说："算了算了，不折腾了，还是老老实实洗衣服、做饭、带孩子吧。"

米兰的人生，我已经看到了尽头，不可能有太多波澜起伏，也不会有多少精彩可以谱写了。说实话，我替她感到悲哀，过去那个她，回不来了。

多少个女人是这样的呢？其实现实生活中，有很多这样的"米兰"存在。她们胆小，她们害怕，她们墨守成规，怕忽然改变就会失去很多东西。

所以她们隐忍，她们小心翼翼，围着丈夫、孩子转，以夫为天，以子为地，放弃自己原本想追求的一切，所喜欢的一切。

其实世界上，有很多种活法，没有人规定只有一种活法：到了年纪就得结婚生子，结完婚生完子，就是家庭的机器。NO（不），这些都是可以被打破的，只要自己勇敢些。

35岁，如果你的人生不尽如人意，你就要逼一逼自己了，把自己逼成想成为的人。

很多人在30岁的时候非常焦虑，那个时候会觉得自己像从很高的地方莫名其妙摔下来一样，又痛又惨。面临很多事情，比如事业没达到自己认可的程度，婚姻也没着落，心态上的"老态龙钟"，又或者是银行账户上还没一个可观的数字……

不管你如今处在什么样的年龄阶段，你都要具备能让自己幸福的能力。这种幸福并不是说你一定要在事业上收获多少，在家庭上收获多少，而是指你能看清楚自己想要什么，为得到想要的东西你能为之付出多少勇气与努力。

20 岁，你可以什么都不想，可以偶尔发呆做梦、白日空想。但年纪大了之后，就不能再容许自己不为未来做一点规划，不为未来做一点打算了。

不论是否结婚，都该有份自己的事业。这份事业可以不论大小，但它一定要给你带来自己存在的价值感，要让你在精神上获得满足。这个世界不只是男人才可以在婚前与婚后一样行动自如，女人也一样可以，也可以凭自己的魅力与能力大放异彩。

人的一生，除了要面对无常带来的跌宕，还要面对贯穿其中的平淡和琐碎。但愿每个人，都能在平淡和琐碎中发光发亮。

第三章

一朵花开的时间，
等待真爱

真爱，无须讨好

朋友佳似乎恋爱了。

最近她的朋友圈更新、朋友圈封面，都关于爱情。根据这一点，我们推测出——她恋爱了。

佳是一个很细腻的女子，从里到外的细腻，无论生活还是情感都一样。但她对情感一直不是很自信，那种不自信并不是她自身的原因，我想这或许多少来自她的家庭。

她父母的感情一直不是很好，从她有记忆开始，家里就"战火"不断，父母老是吵架，三天一小吵，五天一大吵。一直到现在，佳如今 20 多岁，他们还是一样，吵得天翻地覆。

很长时间她都不敢进入恋爱模式，总是把自己包裹得严严实实的，不让自己踏出那个"小房门"，也不愿意让别人踏进去。

我们这些好友在她身边，安慰她、开导她，她才慢慢把心结打开。

现在她恋爱了，我们都替她开心，吵着要她请客吃饭。但很快我们的热情就被她浇灭了，她回复说，还没有确定恋爱关系。她的回复，小心翼翼里带着一点小害羞。

　　她喜欢的那个男孩，比她大一岁，是她的同事。能看出来佳很喜欢他，以前她是一个极少发朋友圈的人，最近却发得非常频繁。自从我们知道这件事情之后，她就会隔三岔五在群里说她跟他的事情，一点芝麻粒的小事都不放过。

　　很快我们就知道了整件事情的来龙去脉，其实那个男孩，对佳并不是很上心，只能说是工作上的关系，只是佳单相思、一厢情愿罢了。

　　男孩偶尔才会关心一下佳，但那都是在工作之余，算是男孩需要佳帮他办事情之后的答谢。

　　当局者迷，旁观者清。佳本来对男孩就有好感，男孩对她说上几句话，冲她微笑一下，她就误以为男孩也喜欢她。

　　自从佳喜欢那个男孩之后，她变得比以前主动起来。给男孩带早餐，帮他倒垃圾，男孩让办的事情她都很利索地完成。

　　或许是感动，又或许是其他，男孩最后真的跟她交往了。确立关系的那一天，她在我们面前像疯了一样开心。

　　我们不知道是该开心还是该惆怅，不知道男孩到底是什么心思，但现在既然答应跟佳在一起，也就只好默默祝福他们了。

　　在那以后，佳隔三岔五给我们撒"狗粮"，表达她的欢喜。但没出 3 个月，佳就厌倦了。

　　我们很讶异，当初那么喜欢那男孩的佳，会厌倦？后来才得知，交往的那 3 个月里，都是佳在付出，男孩非常被动，一切都是佳主导的。

对他嘘寒问暖，关心他，照顾他，买各种各样的礼物，甚至还会在晚上给他放好洗澡水，大到工作层面，小到生活细节，佳无微不至。

但那个男孩呢？完全成了享受的一方，没看到他付出一丝一毫。所以在3个月后的某一天，迟钝的佳觉悟了，她说我放你走，你走吧，我们或许并不合适。

我们很庆幸她能及早走出来，男孩不爱她，却还是答应跟她在一起，或许只是享受被她照顾。但感情不是讨好，所有的讨好，不会得到任何回报。

真正的感情，从来都是相互的，不用去小心翼翼地爱着一个人。如果那个人真的爱你，你可以在他面前，笑得毫无顾忌，哭得毫无顾忌。

佳从那以后，不再陷入单相思，只为值得的人付出，我们都说她是个"真女人"，敢爱敢恨。

感情要什么讨好呢，感情不是你爱我，就是我爱你，没有我爱你但你不爱我的道理。

前天在后台看到一位读者的留言：她很喜欢一个男生，她说她为男生改变了很多。她身高1.62米，体重原本达到了130斤，但因为对高自己一届的那个男生表白失败，所以她拼命减肥，因为那个男生喜欢瘦一点的姑娘。肥减下来了，男孩还是拒绝了她，说就是不喜欢她。

我给她写了很长的留言安慰她，放在这里概括，就只有一段话：一个人不喜欢你，就算你变得再好，他也不会喜欢你；要是一个人喜欢你，你就算只是路边的一株草，他也会视如珍宝。放掉一个不爱自己的人，是一件幸福的事，不必感到悲哀，给时间一点耐心，爱你的人，迟早会来。

我不知道她后来怎么样了，但是希望她做一个让自己喜欢的人，而不是做一个为了别人拼命改变自己的人。

我曾经看过一个电影，具体什么名字已经忘记，但大概意思还记得一二。

女主是一个大大咧咧的女生，甚至还有点邋遢，爱睡懒觉，忘性大，说话也很大声，总是不分场合地惹祸。

她的妈妈，包括她的朋友，都觉得她不是一个好找对象的人。她妈妈经常嫌弃她，开她玩笑，说她要一直这么下去的话，会孤独终身。

直到一个男生的出现，才把他们的话给推翻。男孩非常喜欢女孩，把她所有的缺点都看成是可爱会发光的东西。把她照顾得无微不至，把自己觉得好的东西都留给她。

真正的爱情，是你的优点我喜欢，你的缺点我也觉得可爱。不用刻意去讨好别人，也不用刻意去掩藏自己的缺点。

讨好的爱情，是海市蜃楼，虽然会让你暂时出现幸福的错觉，但会牺牲真正长久的幸福。

找个温暖的人过一生

贾宝玉是温暖的人吗？可以说是，也可以说不是。因为他用情"泛滥"，专情不可能落在一个人身上，所以对一个人再怎么温暖，也毫无用处。

徐志摩是个温暖的人吗？对张幼仪来说，绝对不是，甚至可以说是万分残忍的人。对林徽因来说，或许是，或许不是。但对陆小曼来说，绝对是。不管之前种种，他对陆小曼爱得炙热且真诚，他自己衣衫褴褛，也要供陆小曼穿金戴银。

人，找对了，爱对了，就是一个温暖的人。爱不对，他纵使有千般好，对你而言也不是一个温暖的人。

温暖的爱情，有很多。比如巴金与萧珊、平如和美棠、任显群与顾正秋、朱生豪和宋清如，等等。

他们的爱情，流芳后世。

巴金和萧珊，结缘于巴金的作品，萧珊喜欢巴金的文字，巴金的文字是她精神的粮食，于是姑娘鼓起勇气提笔写信，认识了鼎鼎大名的巴金先生。

他们生活在炮火连天月的时代，虽然战火无情，却有温情暖人。萧珊嫁给巴金时，巴金穷得家徒四壁，但萧珊依然不离不弃。

巴金常年伏案写作，累得直不起腰，萧珊日日不离，呵护他，疼爱他，给予巴金自己能给的一切。

后来一段时间，巴金每天都要去接受批斗，进牛棚劳动和学习。因为是巴金妻子的缘故，萧珊也没有躲过劫难，跟着一起被批斗，跟着巴金一起被关在牛棚里。

萧珊因此犯病，巴金急白了头，他宁愿躺在病床上的是他自己，而不是自己的妻子。他每天抽时间去看望萧珊，照顾病床上瘦小无力的妻子。

巴金温暖吗？温暖。但温暖的前提是，萧珊对他百分之百的呵护与爱戴，两个人相互温暖，才能换来两颗心的完整。

平如和美棠，曾被誉为最美的爱情故事。

与巴金、萧珊相同，他们同样生活在战争年代。

一见钟情，再见倾心，终身眷恋。

平如是军人，为国家的和平而奋斗，他要出去保家卫国。保卫国家意味着会有牺牲，但军令就是一切，他只能放下爱妻，上战场。

外出的日子，美棠只能苦苦等候，两人书信来往寄相思。

战事结束，却等来"文化大革命"。"文化大革命"把他们的距离拉到无限远：平如被送去劳教。别人要美棠跟平如划清界限，美棠死活不肯。

别离了这么多年。平如因为常年劳教，身体不好，患了急性坏死性胰腺炎，大便解不出来，美棠便用手指一点点抠，帮平如解决这令人苦恼的问题。

美棠每天清晨5点起来去菜场，买最新鲜的鱼，炖最新鲜的汤给平如喝。

平如痊愈了之后，美棠却得了糖尿病，从此照料美棠是平如的责任。平如向护士请教方法，每天在家里给美棠不厌其烦地做透析。

美棠想吃什么，无论多远，平如都会蹬着自行车去买。即便买回来之后，美棠吃不下，平如也不会生气。

平如温暖吗？温暖。美棠对他的温暖，一点不比平如的少，平如的温暖，理应给她。

民国时期的任显群和顾正秋、朱生豪和宋清如，他们也是一样，彼此温暖对方，照顾对方，不离不弃。

顾正秋为任显群放弃鲜花与掌声，隐于人后，拒绝权贵。任显群冒着谩骂，娶了"戏子"顾正秋。因被蒋介石大骂"不像话"，任显群被司令部"请"入牢房，一关就是7年。

顾正秋每日给他送饭，日日不落，任显群出来之后，她甘愿做一个布衣蔬食的妇人，过着平淡如水的生活。

曾叱咤风云的财政厅长，心里只容得下顾正秋一人，顾正秋的温暖，不是任显群用真心换回来的吗？

著名翻译家朱生豪与宋清如，又何尝不是这样呢？以信托情，用情相思，一生只爱一个人。

很多时候，我们都说一定要找一个温暖的人来爱自己一辈子。但是有没有想过，自己也要先是一个温暖的人呢？如果一味要求对方是一个怎样的人，而对自己没有要求的话，就算是一个再温暖的人，也会被你冰跑。

我记得很多人跟我说过类似的话——"我一定要找个怎样怎样的人"，然后罗列出一堆的要求，最后再来一句，重点是他要对我非常好。

"对我非常好"的对立面，就是你也要对他非常好，两个人都好，才能是真的好。

可我见过很多人，总是只要求别人对自己好，从不要求自己对别人好。

曾经有一次，我在出地铁站的时候，看到两个小情侣吵架。

女生气势汹汹："你看看，人家丽丽的老公对她多么好，人家老公吵架从不反驳一句，你看看你，都是怎么对待自己女朋友的。"

男生也毫不示弱："丽丽老公对她好，那丽丽是怎么对她老公的，你又是怎么对我的？"

将心比心，要想让别人温暖，想让别人对自己好，还是应该自己先付出那份温暖，你藏着掖着，别人也不会对你大大方方。

我有一个闺蜜，觉得自己非常了不起——人好看，学历也不错，也能赚钱，所以她对自己的未来爱人的标准也不知不觉拉高了。

她相亲过无数次，也恋爱过多次，但都以失败告终。

每次她都以女强人的姿态，站在道德最高点，告诉别人应该怎么怎么做。而自己呢，却不舍得放低那姿态，不能"屈尊"。

她不知道在爱情面前要双方平等，才能换来长久的幸福，所以她次次失败。

一个温暖的人出现，你也要温暖相待，这样才能留得住对方。如果你"冷冰冰"，再温暖的人，也会想方设法离开你。

往后岁月，愿你三冬暖，愿你春不寒，也愿你暖如春，诚相待。

一生只够爱一人

先讲几个网友投稿的爱情故事。

海田螺：外公喜欢吃热板栗，外婆会亲自去几公里之外买回家，路上怕它凉，用自己的衣服包裹着，一路小跑回家。

Lucy：爷爷和奶奶不到 18 岁就结婚了，属一见钟情，风雨几十年，现在他们都 90 岁了，这几十年里，不曾吵过架，也没红过脸。

Micky：爷爷从来不会做饭，奶奶生病前，从没下过厨房。但奶奶生病之后，爷爷就学会了做饭。直到现在我还以为，爷爷是个天生会做饭的人，因为他做饭很好吃。

老吉：姥姥去世前，拉着姥爷的手，用很轻的话嘱咐姥爷，让他听女儿的话，不要外出跑远，按时吃饭，照顾好自己的身体。姥爷在一旁说，你先走，别害怕，我慢一点就来陪你。姥姥当晚 9 点去世，姥爷没多久也跟着一起走了。

…… ……

我们能看到那个年代，牵手就是一生的爱情。

在这里很想讲一下我外公与外婆的故事。

外婆 20 岁时就嫁给外公了。

那会儿外婆家里富裕，她是能吃得起肉的"大小姐"，外公家里穷，只是一个学裁缝、没有太多见识的穷小子。

不知是看上他实诚还是能吃苦，总之外婆嫁给了外公。

外公对外婆的好，是邻里有目共睹的，他从不很大声地跟外婆讲话，都是轻言细语的。

外公性子像女人，细腻；外婆则反过来，大大咧咧，但也相处得极为融洽。

风风雨雨数十载，二人没有红过脸。外婆身体不是很好，外公总是把饭菜做好，送到她面前。一直到去年，外公 82 岁时，外公身体不如以前了，才不再做饭，但这并没有终止外公对外婆的情感。

他们是邻里的楷模，是恩爱夫妻的典范。外婆也多次对我们说，多亏了外公对她的细心照顾，才能让她现在还活着。

外婆之所以这么说，是因为她从 13 岁就开始抽烟，加上有支气管炎，身体非常不好，多亏外公在饮食和生活上数十年如一日地悉心照料才能活到现在。

去年外婆身体病危，肺气肿，呼吸非常困难，浑身使不上劲，在医院住院。医生说，外婆的时日恐怕不多了，要我们做好心理准备。

外公因为年纪太大，不能去医院陪护，只能通过视频跟外婆聊天。每次都能在视频里，看见外公宠溺外婆的眼神，也能看出他的无奈与心疼。

外公经常偷偷抹眼泪，我们知道他是舍不得外婆的。外公跟我们说，如果医生说外婆的病治不好了，在最后时日是一定要回家的，不能死在医院里。

一对相依为命多年的夫妻，怎么能容忍一方在临走前，没有自己的陪伴呢？所以外婆回家了。

外婆艰难地躺在床上，外公坐在她身边，轻轻跟她聊天。他说话，她眨眼，这就是他们的默契聊天。外公总是会有意无意地帮外婆扯被角，怕她着凉。

但幸运的是，外婆的病因为调养得好，身子渐渐好了起来，或许最大的原因，是因为外公对她的好，但不管如何，这是我们想要的结局。

一个承诺，就是一生；牵一次手，就是一辈子。心无杂念，就只够爱一人。

什么是爱情？

是沈复与芸娘。

沈复与芸娘初相见，就知道彼此都是对方命中注定的人。

沈复家贫，芸娘也乐意与他相守，过清贫乐道的日子。因为共同的兴趣爱好，他们把柴米油盐过成了风花雪月的美好。

芸娘为了沈复身体健康，在佛前许愿，从此食素。

沈复幽默，经常逗得芸娘欢喜。那时，能看见爱情本身纯真的模样。

粗茶淡饭，三两小事，一生一代一双人。

什么是爱情？

是王小波与李银河。

王小波给李银河写的信件，最后集结成书，变成了《爱你就像爱生命》。那个自称笑起来"丑陋"的王小波，在爱情面前，美丽极了。

他的所见所闻、所思所想，还有他的爱慕与憧憬，都化成了文字，变成了信件，给了李银河。

她不回信，他就浑身难受，如坐针毡，只有按时收到她的信，他才又恢复成以前的王小波。

他说，一辈子很长，要和有趣的人在一起。我想，自从认识了李银河，他一生都走在了有趣的道路上。

什么是爱情？

是乾隆皇帝与孝贤纯皇后。

一个人能得到另一个人的尊敬、爱戴与关照，那么这是一个人一生最幸福、最殊荣的事情。

乾隆皇帝对孝贤纯皇后就是如此，敬重她，爱护她。

乾隆皇帝一生作诗无数，对孝贤纯皇后的诗最为情深意切。后宫佳丽万千，风情姿色万万种，孝贤纯皇后永远都是他心尖上的那个人，是窗前的白月光，无人可比。

什么是爱情？

是顺治帝与董鄂妃。

顺治帝可以挥一挥手，放弃整个江山。江山面前，他可以毫无留念与牵挂。但在情爱面前，他却放不下一个董鄂妃。

一个皇帝偏偏生出了一颗不"博爱"的心，这颗心也只有在董鄂妃的身上才能看得到。

我爱你，不是因为别人不够优秀，而是我眼里只看得到你的好。人心很瘦，只能装得下一个人。

繁华尘世，守得住一份初心，才能守得住一份真心，守得住一份真情。

不要把青春浪费在别人身上

李可的电话刚打过来，我就把她劈头盖脸地痛骂了一顿。

她找了一个已婚之夫，并且好了快一年了。作为好友，能不感到痛心吗？但李可的解释是，她自己好不容易遇见一个懂她灵魂，能照顾她日常的人，从里到外都非常合适。

李可认识的那个男人比她大三岁，有妻有子，家庭和睦——至少在外人看起来是这样的。李可说她长到 29 岁，头一次遇见这么温柔体贴、对她又好的男人。在她迷惑的时候可以帮她指路，在她困难的时候可以伸出援手，在她需要安抚的时候可以及时出现。

可再合适，人家还是结婚了啊，就这一点来说，李可就做得不对。

她有一套反驳的观点，她说郁达夫照样有妻，不还是爱上了温婉的王映霞；鲁迅也有朱安，不还是爱上了许广平。

我白眼翻回去，时代不一样，婚姻自然也不一样。那个时候，大多是包办婚姻。就像金庸评价蒋百里的恋情一样："都是父亲攀交情、母亲讨媳妇，而不是丈夫娶妻子。"

人家现在起码是自由恋爱，而且关系尚好，你这样做，无疑是为了自己的一己之私，成了别人感情的"破坏"分子。

她一句话——离不开他，她觉得现在幸福就够了。

我问她，名呢？

她装傻，什么名？

名分。

总不可能一直当"幕后"的人吧！总要示于人前、亮个相吧！

"他说他会离婚，但需要时间。"

我知道劝不开了，只能交给时间去证明，证明她是对的，我是错的；又或者我是对的，她是错的。

很长一段时间我们都没有联系，过了三四个月，她给我发信息，说她分手了。

预料之中的事，但我并没有在这个时候，跟她说很多大道理，也没有去指责她。

我给她回了信息，她沉默了整整 10 分钟，然后她说过来找我。

见到她的时候，当初活泼开朗的人，整个颓废了下来，眼神也没有一点光。

她歇斯底里地哭喊，说以后再也不要找有家室的人了。明明说好给他时间，他就会解决好一切，可问题根本就不是她想的那么简单。

那个男人在她多次吵闹之后，只得跟她坦白，离婚是不可能的，他现在的一切，都跟那个家庭有关，包括地位、名誉。如果离婚，就什么都没有了。

如果她还想继续跟自己在一起，那就还这么下去，他也会像以前那样去呵护她。她什么都没说，给了他一巴掌，起身就走了。

从认识到现在，一年多的青春，就当喂了狗，重新再开始。

李可那次是下了决心从头再来了，她安慰自己，人总要遇上几个人渣，才能收获幸福。

我不点头，也不摇头，只能祝她往后的路走得幸福，忘掉之前的不愉快，重新来过。

李可去年结婚了。找的小伙子比她小一岁，但很爱她，也很照顾她。赚得没有很多，但也足够一家人的开销了。她说，很满足。

往后的岁月，也许平淡得能一眼看穿，但这种平淡，何尝不是另外一种幸福呢？自己的一辈子，总要托付给值得的人吧！

你可以遇人不淑，但一定要懂得"回头是岸"；人可以犯错误，但要在错误里懂得自省，不是一错到底，全盘皆输。

张爱玲在胡兰成那里摔了一个跟头，在赖雅那里找回了自己。

不顾一切爱上一个不负责任的人，任凭自己"低到尘埃"里也毫无作用。在胡兰成一次又一次爱上别人之后，她终于懂得那个男人是不会属于自己的。该去的，让他去吧。

她下定决心，写下绝笔信："我已经不喜欢你了，你是早已经不喜欢我的了。"

张爱玲若不放下胡兰成，就不会遇见赖雅，那个把她当珍珠一样的男人。

浪费过的青春，只要加倍珍惜往后的岁月，遗憾就不会扩大，无论怎么说，张爱玲也算幸福了。

张幼仪在徐志摩那里跌跌撞撞，在苏纪之那里收获了幸福。

包办婚姻，不是张幼仪的错，父母之命，媒妁之言，自己又岂能逃，这样会背上"不孝"的骂名——她妥协地嫁给徐志摩。

徐志摩不爱一个人，会冷到骨子里，他对张幼仪的绝情，是有目共睹的。怀了孩子，他可以冷冰冰地让她去打掉，全然没有一个男子的担当。

张幼仪知道自己无论怎么改变，也是不可能换来徐志摩的心的。她只好成全他，一纸离婚协议，换来徐志摩和自己各自想要的幸福。

既然两个人在一起那么不幸福，不如就放手成全对方，这是张幼仪的智慧。

与其把时间都耗在一个不爱自己的人身上，不如潇洒地笑着说再见，去下一个路口遇下一场幸福。

曾经跟一个同事非常要好，知心话无所不聊，两个女生，自然也避免不了聊感情问题。

她的性格我非常喜欢，很乐观、洒脱。

她对待感情也是一样，不喜欢她的人，她不喜欢，不爱她的人，她更不会去爱。她总觉得，好的感情，是两情相悦的，不存在谁去追谁，两个人的契合点一旦到了，心意自然就到了。

她交往过的男生里，都是相互看上眼的。她偷偷告诉我，即便她再怎么喜欢一个人，如果对方不爱自己，她也会放手，因为她知道"强扭的瓜不甜"，自己往后也会很痛苦，与其这样，不如一开始就不让痛苦蔓延，将痛苦扼杀在摇篮里。

我很佩服她。的确，没有必要在一个不爱自己的人身上耗费太多时间，有这时间，不如去做点其他事，或者发展下一段恋情。

时间很贵，青春很贵，离与自己生命不相干的人远一点，离自己的幸福就近一点。

爱情很美，值得你麻烦

叶文结婚了。

我是看朋友圈才知道的，满屏都是她的婚纱照，但她没有邀请我们这个小群体的人去参加她的婚礼。

不邀请我们，是有原因的。

因为我们一直反对她跟她男友张亮的婚事。反对的原因很简单，总觉得她可以拥有更好的，而不是张亮。

张亮是喝多了就对她拳脚相向，酒醒了就跪地求饶的"扫把男"。

我们看不起他，也不想看。但她看得很重，她说他们从高中就在一起，里面有很多美好的回忆，不舍得离开。叶文信誓旦旦，说能改变他，给他一点时间，给他一点信心。

在家里，张亮不喝多没事，喝多就变成另外一个不认识且残酷的陌生人。但在外人看来，他们是恩爱的。朋友圈里永远都是恩爱的照片。

我们问她为什么不放手？

她说重新找一个人很麻烦，要花很多时间去重新开始，认识、了解、好感、相爱，这些都需要时间和精力。年纪越大，越不想折腾，越想将就。

于是领结婚证，拍婚纱照，办结婚酒席，叶文便匆匆把自己一生交代了进去。

很多时候，或许我们也这样，喜欢将就，害怕麻烦。因为爱情开始的时候困难，经营的时候也困难，于是就选择了最简单的方法——将就。

我们在爱情里委曲求全、痛哭流涕，却不要笑着说分手。

曾经在"知乎"上看到一个求助问题，提问者是个姑娘。

问：当初因为父母催婚，自己脑袋一热，就随便嫁了个当初觉得还不错的人。但婚后发现互相不合适，但双方父母觉得很合适，还要继续在一起吗？

底下不少留言，有说她可怜的，也有说她对自己不负责任草率的，各种回复占满了屏。

我倒觉得，因为她怕麻烦，没有勇气走出这一步，所以才会跑来提问，但凡心里有主意的人，都会按照自己的想法去做，而不是听取各路"神仙"的意见。

如果害怕麻烦，没有勇气重新开始，就等于葬送了自己的幸福。其实真正的爱情很美好，为什么不勇敢地去尝试一下呢？宁愿委屈着自己，也不要去做出改变，实在不知道是说她懒还是说她其他的。

外人看上去的圆满，可能实际上是自己的千疮百孔。一段感情摇摇欲坠时，有人选择面对，也有人选择逃避。

不怕麻烦的人，才能拥有幸福的权利，才配拥有开启幸福之门的钥匙。

《假装情侣》里，有个片段使我记忆很深刻。

沈露是一个爱情"敏感者"，她害怕受伤害，因为觉得爱情很难，开头难，结尾也难。只有中间那一段是最美好的，所以她不好好恋爱，只和陌生人选择中间那一段，尝试完甜蜜之后就转身离开。

她遇见了陈文，他不同于其他人，因为他不怕麻烦。

陈文在与沈露的相处中，渐渐爱上了她，不论沈露表现得多么冰冷，他都愿意用自己的温暖去包裹她。

陈文有一句很勇敢的台词，是对那个"没心没肺"的沈露说的："我连活着都不怕，还怕爱你吗？"

感动的不光是沈露，还有观众。

陈文什么都不怕，只怕沈露不答应他，离开他。在陈文的世界里，只要足够真诚，就一定能收获自己想要的幸福。

陈文的态度，才是一个人正确的情感态度。

爱一个人，我就是想要去麻烦，无论这有多复杂，我都愿意去尝试。

我认识一个好友，她是我高中同学，也是一个生活中的勇者。

她属于越挫越勇那种类型的人，在爱情里，失败了好几次。

用她的话来讲，就是遇人不淑。

第一次在一起的那个男生，劈腿，事后男生求饶，她给了一巴掌，就没有然后了。

第二次在一起的那个男生，说时间久了，在一起很难感受到爱情，不想再这么凑合下去。其实那时候，她还非常爱那个男生。但想来想去，自己单方面主动，没有意义，就放手让对方自由了。

第三次在一起的那个男生，恋爱时很美好，在一起之后，各种缺点都暴露出来了——懒、不上进——这不是她找一个人的初衷。于是她摊牌，不适合，分吧。

每一次在她觉得不对劲的时候，她都会洒脱离开，这是她特别潇洒有勇气的一点，很多人或许没有办法这么快释然，但她懂得调解。

她今年 28 岁，依然单身，但也依然相信爱情，相信她的"盖世英雄"会踩着"七彩云朵"来娶她。

爱情中，不要怕麻烦。不管是开始还是结束，都值得我们好好来面对与经营，出现了问题，不要先想着逃避，而是两个人一起积极应对。

这个世界上，不是所有人都有勇气敞开心扉去爱，去接纳的，也不是所有人都能够懂得如何去爱的。爱情与婚姻，其实是一门学问，它值得你花时间去钻研与经营。

如果想要跟幸福靠得近一点，那就别怕麻烦，爱情很美，值得你认真去对待。

陪伴是最美的诺言

不管风花雪月的誓言多么美丽,一切始终不及一个人的陪伴。

某次旅行,在日落的海边,看见这样一幕:一个70多岁的爷爷,推着轮椅,漫步在海边沙滩上。轮椅上坐着的,是他的老伴。

这看上去真像一幅画,我不由得拿起相机,记录那美好永恒的一刻。

爷爷说,跟奶奶结婚50多年,从没有出过远门,这次在她生日的时候,无论如何都要带她出来看看,不管这路途有多么艰难,都一定要来。

那一瞬间,我在他们的身上看到了相濡以沫,更看到了陪伴最美的模样。

挥手告别时,我还是不断回头看他们远去,其实我留恋的,或许是他们心心相惜的情感。

所有美好的爱情,都值得羡慕与祝福。

在这里,我想起了一个女生——蝴蝶。

蝴蝶是我的室友，她谈了一段感情，虽然平淡，却让我记忆深刻。

她跟男友是异地恋，他们隔着 6 个小时高铁的距离。要想见一面，就必须与长长的列车"亲密接触"，才能见到心上人。

因为她工作比较忙，所以都是她男友来看她。她男友几乎每个周末都会过来。几乎每周五晚上的 9 点，她都会准时去高铁站接他。

一件事做两三次可能觉得还好，但一件事要是做久了，次数多了，或许难免出现抵触心理。

但她的男友，一坚持就是 2 年。现在他们结婚了，住在了一个城市，朝夕相处。我偶尔也问她："烦吗？"她大笑："不烦，很幸福。"

或许爱情里，一个人想要的不是其他，大多只是一份安全感，那份安全感，或许就是陪伴。

很多时候，你总说忙——忙工作，忙应酬，在家的时间微乎其微。陪伴亲人的时间，也屈指可数。殊不知，矛盾、裂痕会导致各种状况出现，长时间的不沟通，会导致爱情甚至婚姻的破裂。

看过这样一个故事。

女主与男主幼儿园相识，算是青梅竹马，小学、初中、高中都在一个学校。在双方家长眼里，他们早就是未来夫妻了。

男主喜欢女主，一直追求她，女主对他的感觉，没有超越友情，但最后，还是走在了一起。

在一起之后的感情，一直很好，是外人眼里典型的恩爱对象。他很宠她，半夜她想吃什么，只要她一句话，多远他都会跑去买。

后来，她忙，很忙，生活重心全在工作上。尤其是在创业初期，需要投入大量的精力，办公室成了她常住的地方。

她与他不知道从什么时候开始，渐渐出现了隔阂，或许是因为完全没有沟通，又或许是因为没有陪伴。

最后的某一天，他们离婚了，结束了多年感情，和平解散。

自己的事情，只有自己解释得清楚。在外人看来，最大的一点，无非是缺少陪伴。两个人经常不在一起，与一个人又有什么分别呢？婚姻不就是彼此陪伴与照顾吗？失去这一点，多么牢靠的爱情都很难长久。

我老家的一个邻居，邻居儿子 32 岁，娶了一个看上去还算大方的女子。因为家里并不富裕，他经常要出去跑零工，他妻子在家里带孩子、照顾老人。

他赚得不多，她不嫌弃。她总说，人平安就好，隔三岔五回来陪陪我们就好。于是，他时不时回来看望他们，陪伴他们。

他们或许没有很多钱，但有足够多的陪伴，这份情是一种精神动力。无论日子多么艰难，都能把日子过下去的一种动力。

有时候，工作忙了，钱赚得多了，最容易忽视的其实是身边的人。他们要的或许并不多，是你的一句关心、一句问候和一时的陪伴。

人可以不求荣华富贵，不求长命百岁，但求能生死相依、不离不弃。

《婚姻时差》很完美地诠释了夫妻的距离与感情。李海与吴婷本是一对恩爱夫妻，但因为两人被迫分居之后，就变得完全不一样了。

李海在国内拼事业，吴婷在国外陪孩子。没有平衡好时间，没有拿捏好分寸，因为在电台工作的赵晓菲的出现，完全打乱了两个人的生活。

赵晓菲日日不离，在各方面关心着李海的生活，吴婷在国外，对于照顾李海生活这件事心有余而力不足。

时间越长，李海和吴婷的感情就越淡，没有陪伴的婚姻，说得再多都是扯淡。

因为赵晓菲的"真情"，又因为李海也需要人照顾，他理所当然地接受了这份"插足"的情感。

李海和吴婷的婚姻里最大的问题，是两个人没有在一起。什么是婚姻？困难在一起，风雨在一起，无论何时，我想找你，我就能看得见你。

爱情最美丽的承诺，不是我养你，而是，你的余生，我都陪你。

懂得珍惜你的人，才配得上你的余生

此前，我们没有会过面，但更像是灵魂上的读者。一个豆友发来消息，说她与结婚 8 年的丈夫离婚了，她现在独自带着 6 岁的孩子。

为什么离婚？她说她融入不了男人的生活。无论她怎么去迎合他，去照顾他的感受，他都无动于衷，是她累了，放弃了。

那 8 年里，似乎都是她一个人在付出，在主动。男人更多的只是一个摆设，一个没有情感交流的"机器人"。

她已经记不得是从什么时候变成了这样的，无从追忆。重要的是，那个男人似乎已经跟自己不在一个世界了。

每次他过生日，她都会悉心准备一桌美味，等着他下班回来一起享用，再奉上 888 元红包，为博他一笑。但他呢？她过生日像没事一样，照常过。

她安慰自己："没关系啊，太忙，可能忘了。"

一忘能忘 5 年？她属于"自我催眠"。为了孩子，就这样浑浑噩噩地过了几年，到最后，她忽然想通了。与其说想通了，不如说累到了极点，她想放手了。

她提出了离婚。

提的时候还带了一丝幻想，以为他会挽留，以为他会舍不得。只是她看错了，8年的感情，还有一个孩子作为纽带，但他冷酷得像魔鬼。他说离婚可以，房子归我，孩子归你。

她冷静地思考了一个晚上。

终究是同意了，不要房子，带着孩子净身出户。从此，一别两宽，各生欢喜。

我问她有什么感受？她说，无奈与释然。

无奈的是，这么多年的感情经不起一点考验；释然的是，放手了一个对自己不好的人。

我回复："是啊，你那么好，值得拥有更好的人去珍惜你，不懂得珍惜你的人，早日放手，是对自己的慈悲。"

爱情与婚姻都不是感动。如果一个人不爱你，尽早抽身，放弃在无谓的爱情里挣扎。其实到头来，你只是把你自己给感动到了，而对方无动于衷。

懂得珍惜与放手，是一个成年女人该具备的能力。

认识一个女生，叫蕊。蕊一心想嫁入豪门，觉得自己有姿色，各方面都还 OK（好），想找个财力雄厚的男朋友。除了这点外，其他的她都不关心，甚至不关心对方有多爱她，能娶她就好。

说实话，我不知道这样的婚姻意义在哪里，把别人当 ATM（自动取款）机？那如果人家愿意，我不多嘴。

后来她还真遇见了这么一个男生，男生从头看到脚，都不像是过日子的人，但蕊喜欢，符合她嫁人的要求。

交往时，男生对蕊还好；结婚后，变了样。不过蕊不在乎。

怀孕之后，她开始变得敏感起来。

怀孕的女生最脆弱，她也一样希望有人陪，可她老公一天到晚人都看不到人，只有保姆陪在她身边。在生完孩子之后的第一天，她老公只出现了一下就匆匆离开了。坐月子的时候，她老公一天都没出现过。没有呵护，没有安慰，什么都没有。

你要钱，不要感情，一开始就该料到这种结局。你不珍惜他，他也没有珍惜你，这样的婚姻，不是儿戏是什么？

那时，她意识到自己或许错了。

看着自己的闺蜜被丈夫当宝贝一样疼爱，虽然没有大富大贵，但两个人彼此关心、彼此呵护，那时她就觉得自己错了。

孩子两岁时，她提出了离婚，她说不要家产，只要孩子。

但男方家里坚决要留下孩子，不然离婚无路。她跟前夫经过一年的拉锯战，才成功把孩子的抚养权夺到手。

她又回到了当初的模样，只是多了个孩子。不过不后悔，她想在往后的岁月感受一下感情的温暖。

两个人的感情，彼此珍惜，才能称得上感情；彼此呵护，才能算得上完整。

有个网友分享了一段很有哲理的话：

"你在朋友圈分享音乐，根本没几个人点开听，发了一组自拍却收到了很多赞。其实大家一直都在关心你的外在、容貌，不关心你的喜好。人这一辈子，遇到爱，不稀奇，稀奇的是遇到了解与珍惜。"

很能感同深受，每次发朋友圈，自拍或旅行照能收获一堆点赞，但是你分享的音乐或其他，点赞就寥寥无几了。

如果遇见了解自己，又珍惜自己的人，要加倍珍惜，因为只有他，才能配得上你的余生。

学会说再见

《后来的我们》上映的那天，好友程蕊一个人去看了。本来她跟男友张迪说好要一起去看首映的，但在上映前夕，他们分手了。

程蕊坐在最后一排，看着电影里的情节，一个人吃着爆米花哭得稀里哗啦。她看着里面的主人公，就想到了她跟张迪，一样狗血的剧情，跟自己那么像。

一起去当北漂，一起挤廉价的出租房，一起吃廉价的泡面。舍不得花一分钱，因为穷。

那会儿他们挤在北京郊区的平房里，房租500元钱，不到10平方米的面积，家具是从外面捡回来的。程蕊跟张迪一点点布置，破落的房子在他们的改造下，看上去也算温馨。

程蕊是插画师，不用去公司坐班，收入来源不固定，谁找她画，她就画。她说要照顾张迪的伙食，给他做饭吃，上班的地方太远，她无暇顾及。张迪呢，什么都干，白天坐班，晚上去桥头摆摊。

他们两个每个月的工资加起来不到5000元钱，还要计划存钱，计划结婚。虽然穷，但真的快乐，谁都不说累。

开头是美好的，过程是美好的，结局呢？不知道是美好还是遗憾。总之，他们分手了，是张迪提出的分手。

张迪说程蕊跟着自己穷了一年，不知道这样的日子还要继续多久，他自己一个人颓丧就算了，他不想让程蕊也跟着自己过倒霉日子。

那天，他们拥抱了10分钟，眼睛里全是舍不得彼此，可还是泪别了。程蕊也不知道为什么当时就同意了，或许是累了，或许是想成全张迪想让自己幸福的一颗心，但说到底，都无所谓了。

那些相濡以沫的感情和经历，都只能在痛苦中说再见。张迪和程蕊愿意吗？或许都不愿意，但现实就是如此。有些心情，只有经历者才能感受得到。

分手后的半年，程蕊一直走不出来。看到与张迪一起吃过的小吃会怀念他，一起走过的小巷子会怀念他，看到自己身上带有的小物件会怀念他……

始终要说再见的，从相遇的那一天开始，就要做好有一天也会失去彼此的准备。有些爱情，就是这样，只有参与和陪伴，没有地久与天长。

程蕊离开张迪，程蕊会遇到下一个"张迪"，张迪也会遇见下一个"程蕊"。在此前，悄无声息地抹掉对方的痕迹，把心空出来，才能让下一个人住进来。

后来程蕊渐渐释怀，她知道张迪是陪伴自己走过一段路程的人，仅此而已。她也知道，还会有下一个"罗密欧"，去爱她，去呵护她。

忘不掉，放不下，痛的又何尝不是自己？学会潇洒地告别，才能开启下一站幸福的旅途。人生里总是来来去去，只有承受与释然，堵塞的心才能通畅。

爱情如此，亲情如此，友情也是如此。

小时候，特别不喜欢跟别人说再见，为什么呢？因为会难过。比如家里来客人，一定要想方设法地多留客人几天。但留着留着，会发现客人总有一天还是要走的，我留不住，只能放手离开，挥手别离，等下次再遇见。

说再见很难，那种复杂的小情绪只有自己能懂。后来为了让自己离别的时候不那么难过，特意把心思放宽，在心里一遍遍告知自己，还会再相遇的。

小的时候，一直跟父母生活在一起，从来没体会过与父母别离的滋味是什么，长大后才彻底明白，那是一种永远悬挂在心上下不去的牵挂。

后来长大，外出学习和工作，每次跟父母挥手告别，都会在内心掀起一阵龙卷风，舍不得。看着他们日渐弯曲的背影，总觉得岁月没有慷慨太多，没有好好相聚，就要挥手再见。

日子越长，离别的次数越多，也就渐渐明白，在一起时陪伴与珍惜，别离时的忧愁就会淡一点，悔恨就会少一点。

当自己拥有友情，与朋友疯玩、喝酒、吹牛、烫发、八卦，觉得那些日子甚是惬意。一次次的别离，把自己的心伤得狼狈不堪。即使再多的不舍，也要拥抱告别。

别离次数多了，心也就放宽了，反正年轻，保持联系，下次还能愉快再会。别离没有什么，因为别离之后会再次重逢。

只是别离前，我们都要拿出最真的心，去对待对方。即便下次不相见，也不会有任何遗憾。

第四章

人生，是个大染缸

管理好自己的情绪，比什么都重要

有一句很直白的话：你有什么样的情绪，就有什么样的命。情绪管理得不好，就不会活得很好。

我好友的姐姐，年近 40 岁，因为常年"受气"，累积了一身病，不是这儿痛就是那儿痛，胸口上的疼痛经常发作。每次她跟别人聊天，她说这些旧疾都是气出来的。

她经常为了一些鸡毛蒜皮跟丈夫吵，为了很多琐碎跟婆婆吵，也为了孩子的事情，经常愁。长年累月，遭受了不少"委屈"，她心里的苦，没处安放，便成了一团无形的火，"燃烧"着自己的细胞，让身心备受煎熬。

也许那些不好的情绪过后你自己都忘记了，但身体不会忘记，它永远记得。那些压抑、委屈、怒火都在你的身体里，变成某样东西，慢慢往你的身体其他部位扩散，这个东西就叫"病"。

如果一个人经常发脾气、生闷气，那么这个人的死亡率就要比其他人高出几倍来。

很多人会觉得发脾气是很小的事情，偶尔生个气没什么，但正是这种你意识不到的情绪问题，能夺走你的身心健康，给你

"致命一击"。

大家都知道，身心健康才是最重要的，如果失去健康，一切都是空谈，健康才是基础。你必须学会调节自己的情绪，才能笑得舒心。

很多时候，我们都在给自己找莫名的罪受：

在别人面前，因为自己说多或说错一句话，而懊恼半天；

与同事吵架，可以气得一天不吃饭；

孩子淘气，你气得大骂；

…… ……

别人与自己过不去，你也跟自己过不去，最遭罪的其实还是你自己。长期在不良情绪的影响下，会让自己内心也变得"不健康"，也会让自己的性格变得扭曲、不阳光，戾气太重，更会影响自己的磁场。

我的邻居，一位70多岁的阿姨，为什么叫阿姨呢？因为她看上去最多有50岁，脸上干干净净的，没有一颗老年斑，精神抖擞，满头黑发。

阿姨丧偶，没有跟儿子女儿一起住。她的理由是要有自己的空间，她自己也能照顾好自己。

对于这样一位老人，我非常好奇，有事没事就去她家坐坐，闲聊，问她保养秘诀。

阿姨说没什么保养秘诀，如果非要说有秘诀，那就是心态好。她说自己这么多年来，从来不曾跟人红脸，几乎不生气，更不会跟人大吵大闹。

我问她，这是怎么做到的呢？谁都会有有气想撒的时候啊，脾气来了，想控制都控制不住。

她说很简单："不与自己较劲就行了，如果气头上来了，就告诉自己，犯不着啊，犯不着，我不拿别人的错误惩罚自己，更不拿自己的错误惩罚自己，然后转念一想别的事，就让自己的火慢慢灭了。"

这么多年来，她几乎不会让身体的"内火"过夜，即使有点不开心，也散得很快。与其说老太太心态好，倒不如说她懂得调节情绪。

前天跟朋友聊天，就情绪这件事情，聊到了她的一个闺蜜。

她不到30岁，却在不久前检查出了淋巴癌。拿到那一纸诊断书的时候，她闺蜜却比任何时候都冷静，不吵也不闹，没有任何情绪挂在脸上。

她是孩子的妈妈，也是母亲的女儿。她曾经看上去温和秀丽，却得了这样的病，朋友不免为她痛心起来。

朋友的闺蜜从南方嫁到北方，婚后生了一个孩子，今年4岁。她体贴丈夫，也不想埋没自己，照常工作。下班回家之后，做饭、洗衣服、带孩子，偏偏这么累的情况下，还不受她婆婆待见。

她婆婆跟儿子一起住，儿子心疼他老妈，他说父亲死后，自己成了妈妈唯一的依靠，说什么也要把他老妈接到自己身边住。儿子是孝顺了，但他妈妈却"无礼"了。

一点芝麻大的事情，都要跟自己的儿媳妇较真，跟她吵闹，动不动就甩脸子给她看。

她不能吵，也不能骂，只好把那些糟糕的东西往自己肚里咽。痛，不能言语；笑，不能大声，她只能假装她很好。这一装，就是好几年。从一个健康的女人，到一身病。

那些不好的情绪，隐忍的情绪，无处可发泄的情绪，自己放不下的情绪，都变成了无形的怨气，积累在她的心中，慢慢成癌。

我们除了管理好自己的情绪，管理好自己的脾气，还能怎么办呢？人生路漫漫，气永远都是生不完的，不给自己找个发泄口，又怎么能熬得过去呢？

我们不能跟别人较劲，更不能跟自己较劲，较来较去，无论输赢，影响的都是自己。

现在的人动不动就爱生气，我们能从多个方面看到这样爱生气的人，比如：

拥挤的地铁里，别人不小心踩了自己一脚，要耿耿于怀，破口大骂；

车水马龙的路上，两个追尾的司机，争论得面红耳赤，互不相让；

服装店里，顾客多次试穿衣服，最后却一件没买就离去，导购员在心里愤怒可想而知；

办公室里，因为客户问题，同事们火药味浓烈、争执不下；

……

我们的一生，都难逃情绪的"债"，只有管理好它，不亏欠它，才能给自己带来无尽的乐趣，才能让自己这一生活得不那么压抑。人啊，别没事找事，尽给自己找不痛快。

要想熬出头，必须狠一狠

不久前看到一则这样的故事。

一个女人去餐馆，点了一碗皮蛋瘦肉粥。粥上来之后，她却没来由地跟老板大吵了一架。

为什么吵？

女人说她明明点的是瘦肉粥，可粥里只能看见一丝若隐若现的肉。她揪着老板不放，大声质问为什么。

老板被她的举动吓坏了，他心想，就一碗粥，至于吗？他赶紧说："粥里的肉本来就没多少，再说熬得久，肉也有些化了。"

女人不顾场面地大哭了起来，完全无视周围的顾客，沉浸在自己的情绪里。老板不知所措地安慰，后来只能叫后厨免费送她一碟小菜，算是赔偿。

女人忽然卸下防备，说："我其实不是真的在哭瘦肉粥。我是在哭自己30岁了，还在跟一碗几元钱的粥斤斤计较。我不想活成这样子啊！这不是我想要的人生。"

所有人都沉默不语。

回头看看，自己经历的是自己想要的人生吗？

曾有个正在读大三的女生，写来长长的信，控诉自己对生活的不满，控诉自己的无可奈何。

2017 年 8 月，她熬过了最艰难的一个月。

8 月 1 日，一个小时内她吃了很多零食，已经完全超出了一个女孩子的胃能负荷的最大量。怕被爸妈发现，她忍着没再吃。趁着吃晚饭，她又吃了很多食物，撑得不能自己走路。她拼命地吃，然后又拼命地吐，还吃了很多泻药。

8 月中旬，她被告知，她的新工作找到合适的人选了，希望她另谋高就。她期待已久的事情，说没就没了，都没有商量的余地。

8 月 21 日，她喜欢多年的男生，跟他前女友和好了，剩下她一个人孤零零地站在原地，她看着他远去的背影，渐行渐远。没有谩骂，但也没有祝福。

8 月 23 日，她开始吃泻药，半夜胃里开始反酸，接着肚子痛，她一个人爬起来去厕所，整个人昏昏沉沉，上吐下泻，还摔了一个大跟头。

8 月 24 日，她的脚没缘由地肿了起来，走几步就犯疼，只能叫室友陪她去了医务室，开药抹药，医生嘱咐她不能快跑。

8 月 26 日，她用得好好的手机忽然死机。她拖着病躯去了修理店。老板说修好起码要 500 元钱。那些钱，是她半个月的生活费，一咬牙，给了。

……

她最后补充，那时真的好绝望，好惨淡。可很多时候的人生，不都是这样的吗？会熬过去的，对吧，会熬过去的。

很多时候，我们都无法选择自己的人生，但我们能决定自己的人生啊。

做着不顺心的工作，发着烧还要拖着病体去公司；为了拿到业绩，白酒喝到吐血还要硬撑着说没事；凉意四起的夜晚，没有爱人的迎接，只能自己用棉袄包裹着自己走回家。

表姐刚创业的那一阵，每天要死要活，背负的债务，各界的压力，都把她逼得没有一个"活人样"。

表姐自己上班，省吃俭用存了几年的工资，全投在里面，另外还找父母借了几万元。理想与现实都告诉她，她必须好好做才行。

她租了一个写字楼，考虑到成本，前期不雇太多人，很多事情都要亲力亲为，从业务谈单、签单，到公司的品牌宣传和营销、活动策划、设计等，她只要能顾得过来的，都会去做。

有一次，她连续7天没洗头，只能戴着顶帽子作她的"遮羞布"。最后还是她妈看不过去，忍不住跟她发牢骚："再这样下去，都没人会要你。"她这才有气无力地反驳了几句："太忙，哪有时间。"后来为了节省时间，她把留了好几年的长发，剪成了齐耳短发。

她记忆最深的一次，是因为资金有段时间周转不过来，差点关门了。知道她做了件什么事吗？

她写很长的"公告"，去认识的朋友家里，挨家挨户地发：我××今天创业，经历了目前来说最大的难关，我需要资金周转。我坚持了很久，不想就这么放弃，我知道这一关只要能挺下来，就一定能过去。希望大家能帮帮我，能借多少借多少，我保证每个月按时还给你们。

信得过她的人都给她转账了，她走访了 25 个人，有 20 个人借给她了。

若不是她先坚信自己，有那份底气，或许别人也不会相信她。

"要逼一下自己，不逼自己还不知道自己有这么大的潜力呢？"她后来淡淡地说起自己过去经历的那些"魔鬼式"的岁月。

现在她的公司也慢慢步入正轨了，以前那些"女孩不要轻易创业"的鬼话，现在也没有人在她耳边再提起了。

回过头看看，其实世界上除了自己对自己狠一点，没有人会对你狠。恰巧又是自己的那点狠，才能成就未来的自己。现在你不对自己狠，未来生活就会从各个方面对你下狠手，甚至是猝不及防的。

你的房贷，你的车贷，你的信用卡欠款，你的日常开支，你爸妈的开支，各方面的压力都会把你压得喘不上气，叫天天不应，叫地地不灵。

电影《这个杀手不太冷》里，玛蒂尔达问莱昂："人生总是那么痛苦吗，还是只是小时候这样？""不，一直如此。"

要想未来的人生漂亮一点，那现在就必须"难过"一点。人生无论哪个阶段，于人都是痛苦的，熬过去了，才是王道。

有钱，没人逼你嫁人

很多女生只要遭遇人生不顺、工作不满，或者自己撑不住了，就会想到一条路——嫁人，给自己找个一生的"铁饭碗"，牢靠。

但她们没想到的是，男人也会看你的存折，今日种种和往日是非。

之前公司有个同事，叫琳。琳生得好看，温婉，为人也和气。在公司岗位上待了两年，一直都很稳定。但某一天，她忽然跟大家宣布，她要嫁人了。

结婚本是好事，大家都祝福。但是她嫁人的目的，却是因为钱。她自己一个人太难熬，赚的那点钱，还不够她自己花的，索性找个男人当 ATM（自动取款）机吧。

我们听完都唏嘘不已，但谁都没说话，依然祝福。

琳嫁人之后幸福了吗，如愿了吗？

一年后传来消息，她并不幸福，她丈夫出轨了。出轨之前倒是对她毕恭毕敬，出轨之后，完全忘了她是谁，也不管她肚子里怀了 5 个月的孩子。

绝望，恐惧，但她又没有任何办法。孩子肯定得生，生了孩子他就会管吗？他的钱宁愿给别人花，也不愿给他们母子花，每一分钱都卡得紧紧的，花费必须列出清单，都买了什么东西。

婚该离吗？该离。

但我知道她下不了决心。银行账户上没有令人满意的数字，大着肚子，只能忍气吞声，深陷泥潭，又不能自拔。

很多女性走到绝路上，进也不是，退也不是，没有人可以依靠，只有两滴眼泪陪伴自己走过这绝境。

没有钱，就没有底气，没有反抗的资格，于是这个世界便多了一个词语——认命。

女人得给自己留条后路，不管当初那个男人声称有多爱你，你还是要预料到各种可能性，这样才不会最后一脸狼狈相地出局。

看到过一个求助帖。

女生似乎到了无路可走的境地，绝望。她说家里逼婚，她也觉得自己年纪差不多可以结婚了，天天的心思都放在了相亲上。

相亲时，男方一打听她的经济能力，她就蔫了半截，月入4000元，她没有底气，小心翼翼地问对方："你多少？""3万元以上，加上年终奖，月均4万元左右。"

她没房没车，没存款，一无所有，最后连那点底气都给榨干了。

连续相亲N场，没一个合适的，她看上的，别人看不上她。

看上她的，不是这里不行，就是那里不好。

她说绝望了，该怎么办？

还能怎么办？姑娘，努力让自己优秀起来啊。用脚趾头都能想到，与其把问题抛给网友，不如自己认真想想，认真总结，失败的理由到底是什么。

你想嫁有钱的男人，可以，先看看自己够不够格，够格没人说你，不够格就自己掂量掂量。

闺蜜有个朋友，叫兰芝。

兰芝是个特别独立的姑娘，赚得多，花得多。没人会说她，因为钱全是凭自己本事赚来的。

有人给兰芝介绍了一个对象，那个男生各方面都不错，介绍的朋友说，放心，绝对差不了。

约在西餐厅，兰芝在那里跟他见面，美酒配牛排，侃侃而谈。最后结账时，兰芝抢先一步在男生面前结账。男生表示很惊讶："我长这么大，从没遇见过主动付账的女生啊。"

"惊讶什么？那是你没遇见，我不缺钱啊。"兰芝很酷地丢下了这句话。

其实很多男生，都在等"我不缺钱"这句话的出现。他们虽然能赚，但压力也很大，如果一个人要顾这么多的话，一个头两个大。时间短，倒没什么；时间一长，全是问题。

男人没有天生要养谁的义务，婚姻责任是双方的，你能赚，他会更尊重你，你也会更有话语权。

上次跟我一个男性朋友聊天，说起他在广州的生活。他之前在北京，后来回了湖南，湖南没有适合他的工作，因为一个 offer（录用通知），他就去了广州。

他月薪 1.5 万元以上。

他跟我说，如果两个人都有这个收入，在广州会过得很好，不用那么紧迫。注意到他的话了吗？两个人。

多数男生，还是希望自己的伴侣，是能跟自己匹配的，也是能赚钱的。不光他一个人赚钱，他娶你回来，也希望你能承担一点责任。

曾经看过一个帖子，非常现实。

求助人是 25 岁的漂亮女生，标题为《我怎么才能嫁给有钱人？》

她在帖子上特别加上，自己很漂亮、谈吐优雅以及品位好。这意味着她具备上流社会的一切标准，但除了缺钱。"怎么能嫁给年薪 50 万美元的人？"这是她的终极问题。

她等来了回复。

有个金融家站在经济学的角度回应了她，非常露骨地跟她分析了她的处境。

"无论从生意上还是经济学的角度来说，娶你都不划算。你25 岁，可以，但不意味着你永远 25 岁，时间流逝，美貌会摧残，你也会一点点变老。但对方的资产不会因为时间而贬值，财富会因为阅历的丰富越来越多，地位也会随着时间的推移越来越高。

光用美貌换资产，你的价值非常堪忧。"

这位金融家说，真正年入 50 万美元的人，自然不会做这样一笔只赔不赚的生意，除非他是傻瓜。

他最后说了一句："想嫁 50 万美元的人，不如把自己变成能赚 50 万美元的人，这远远要比碰到一个有钱的傻瓜概率要大。"

大多数有钱的男人都不缺女人，他们缺的是跟他们匹配的女人。收入越高，眼光也会越高。

与其绞尽脑汁去嫁给有钱人，不如自己当个有钱人。

有钱，没人逼你嫁人。

姑娘，愿你的善良里也有锋芒

我至今还记得那部电影《盲山》。

白雪梅如花的年纪，大学毕业，风华正茂。为了给家里减轻负担，她寻找工作。因为迟迟找不到一份合适的工作，她轻信了别人的谎言，被人贩子拐卖到了一个穷乡僻壤的山村里，被迫结婚、生子，日夜受罪。

一个女人的一生，几乎就可以说是结束了。

如果她不单纯，是不是就可以避免出现这种局面，人生不被糟蹋。单纯不是理由，善良不是借口，警惕才是对自己负责的保护。

如果你没看《盲山》，我建议你看看。

你喝下陌生人的酒，接过陌生人的糖……任何时候，任何地点，你都不要忘记能吞噬你人生的"盲山"。

新闻曾报道过不少女性受害的案例，全是因为善良。

未满 17 岁的胡伊萱走在回家的路上，遇见一个孕妇向她求助。

胡伊萱原本可能是这样想的，手无缚鸡之力的孕妇，倒在地上，如果不帮，肯定是不道德的，她便送孕妇回家了。

这一送，就送了自己的命。

没有人知道，这是一场精心设计的骗局。妻子为了取悦丈夫，哄骗小女生回家，帮其丈夫泄欲，再谋杀，手段极其残忍。

事后，胡伊萱的二姨悲伤地说："真没想到会发生这样的事情，善良的人，却得不到好报。"

女孩的二姨透露，胡伊萱从小就乖巧、善良，喜欢小动物，很有爱心。不管看到谁需要帮助，力所能及的事情，她都会搭把手。

不是善良得不到好报，善良是世界上最宝贵的东西，但是一旦用错了地方，就成了毁灭自己的一种方式。

我事后想了想，如果是自己遇到这种情况怎么办？好长一段时间，我竟无从回答。戳穿阴谋前，帮是仁义，是善良；不帮可能受到道德的谴责。

帮，或许是要帮的，但在助人之前，要多留一个心眼，不能让自己无路可退。

董卿说："善良是很珍贵的，但善良要是没有长出牙齿，就是软弱的。"

有一件事，我一直印象深刻。

多年前，我跟姐姐在公园里散步。路上遇见一个讨饭的老人，他一双佝偻的手，伸出一个接食物的盘子。

出于好心，姐姐很热心地把刚在超市买的面包递给老人。以为会换来一句谢谢。但并没有，那位老人的举动让我对"善良"这件事，有了新的认识。

他接过那个面包之后，直接把它丢了。那刻我才明白，他并不是真的缺食物，他只想要钱。

不懂得感恩的人，把你的好心当成廉价品践踏；懂得感恩的人，会把你的一个举动记在心底，感恩千万遍，这就是人跟人的区别。

5年前的某天，杭州开馒头店的李女士，看到街上很多环卫工人和流浪汉吃不上热乎饭，于是萌生了一个善意的想法，她要送免费馒头。

这是一个费劲的活儿，那么多人，那么多张嘴。

自从有了这个想法之后，她每天不到凌晨3点起床，准备食材，和面，经常累得直不起腰，一直到晚上8点才能休息。

但她这个做法，却没有换来温暖的感谢。

"我不要馒头，你直接把钱给我吧，也省得你们麻烦。"

李女士很惊讶："很抱歉啊，我们只送馒头。"

李女士的话刚出口，就遭来了很多冷言冷语，一句句都像抹有毒药的剑，刺向李女士的胸口："你们怎么这么死心眼？不要馒头，你们直接给钱，还能给你们省力。再说了，你们的馒头一点肉都没有，我看你们就是看不起穷人，觉得我们只配吃馒头，太缺德！"

"想出名，来这招！"

持续了一个半月，李女士最终选择关了店，她没有办法再承受这样的舆论压力。从那时起，杭州再也没有爱心馒头店了。

镜头前，李女士抹着眼泪，表情满是委屈，哭得伤心不已。没有人理解她，本是善良，却被人当成恶意。

韩国有一部电影，《素媛》，相信很多人都看过。

虽然是电影，但却是由真人故事改编的。也就是说，影片里面所发生的事情，就是现实里所发生的。

下雨回家的路上，一个醉汉向素媛求助。

善良的她，迟疑了一下，答应了。她举着伞，送他回家。

走至一处废墟厂，醉汉忽然变了一个人，丢掉了可怜的伪装，露出满面狰狞，恶狠狠地性侵了她，绝望幼小的素媛无从反抗。这次事件给素媛的身体和心灵都带来了极大的伤害。她的后半生，只能靠人造肛门排便，她的心灵，更是要长时间才能慢慢愈合。

素媛的爸爸妈妈都是很善良的人，但他们没有告诉素媛，她还小，大人的求助有时候是可以摇头拒绝的。

不是每一个人都值得同情，不是每一个人都值得帮助，他们伪装的面孔后面，不知道有多恶毒、多残忍，他们能蒙骗的，就是源自你心底的善良。

还有这样一个故事。

一个妈妈带着老人和一个7岁的孩子坐火车，这位妈妈看见旁边站着几个小学生，出于好意，她挤出位子让他们过来一起坐。

这一幕被一个40多岁的妇女看见了，这个妇女正是这些孩子的家长。她看见孩子们落座之后，也抢着过来坐。不但如此，妇女还命令让座的妈妈把她的孩子抱着，以留出更多位置。

这位妈妈非常气愤。她二话不说，拿出三张座位票，告诉这位妇女，这是自己的座位，然后说了一个"滚"字，就再无二话了。那个中年妇女带着孩子一直站到下车。

有些人把别人的善良当成理所应当，不但不感恩，还得寸进尺。这种人，理应让她知道善良的多宝贵。

善良是宝贵的，不是随便就可以给予的，即便给予，也要给值得的人。姑娘，愿你余生既能做善良的人，也能理智的好人。

红尘万丈，学会爱自己

"倒霉了，这个月业绩不行，又碰上领导心情不好，直接被开了。"姚薇给我发来消息。我安慰她，没事啊，不差这一家公司，往后有更好的。

姚薇没这么想，当晚就抱着一箱啤酒来了我家，一边喝一边哭诉。印象中的她是个很坚强的人，失业就把她给整垮了？

原来姚薇在这之前，就已经积累了很多坏情绪，失恋，父母催婚，现在又失业，全积压在一起，难怪她要以酒来泄愤。

那天晚上，话说得少，酒喝得多，我劝不住她，只能任她喝多。看着她的样子，有些怜惜，也有些心疼。第一反应是，太不懂得爱自己了。

人生中不可能一帆风顺，磕磕碰碰是最正常不过的事情，人可以发泄情绪，但不能太过分。

姚薇那晚过后，再次给我传来了消息，喝酒过猛，喝出了胃出血，要在医院休养一段时间。

我心里默叹：早知如此，何必当初。

生活中像姚薇的人不少，我还有另外一个朋友，遇事先把自己灌得烂醉如泥，其他再说，完全忘了自己是一个女生。

因为跟交往了 4 年准备结婚的对象分手，她又哭又闹，约了几个平常玩得好的朋友一起唱 K，一边唱一边心碎，狂点酒，别人不喝，她就自己喝，直到她的胃再也装不下酒，她才罢休。

她在这边哭闹，但不见得她分手的那个男友也会这么难过、伤心。恋爱、分手、心痛是必然，但放肆糟蹋自己的身体就是罪恶。

有些人从来没有好好爱自己，对自己吝啬，对自己抠门，一出事最先想到的是蹂躏、折磨自己。遇到坎儿，不是折磨自己就能够过去的。

有个同事，粉面含春，典型的贤妻良母。她跟她老公是大学同窗，相恋 3 年，结婚 3 年，后来生了一个男孩。

独身的时候，她就是那种舍不得吃、舍不得喝的人，结婚之后，就更省了。别人中午点可口的外卖，她每天都是从自己家里带饭来，微波炉一热了事。

给丈夫买，给孩子买，给婆婆买，舍不得给自己买一点东西，袜子破洞了，补了又补，再穿 3 年。

有一次公司组织团建，一起出去玩，我们途经一个品牌店，打算进去溜达一圈。我把她也一起拉了进去，一圈下来，一起进来的几个人几乎都买了东西。只有她还久久驻足在一款项链前，能看出来她很喜欢那款项链，但是又不想买，因为项链标价 2300 元。

我们把项链拿出来，让她试戴，一开始她不同意，我们好说歹说她才同意试戴。戴上之后，她对着镜子满意地笑了笑。那笑容，是真实的，也是无奈的。真实源于心底，无奈源于生活。

试戴了一小会儿，她就摘下来，放回原处了，明明很喜欢，明明很中意，还在克制。我们把这些都看在眼里，劝她买，众人磨了很久，她才付了款。

事后她跟我说，那是她给自己买的第一件礼物，内心很开心。一个人做不了决定，谢谢大家给她做了决定。

婚姻的生活，苦累的势必是女子。像她，每天下班回家，要管柴米油盐，要管孩子的学习健康，还要操心琐碎事。要再不学会对自己好点，都会忘了自己为什么要存在于这个世间了。

有了婚姻，为全家上下操碎心，最容易忽视的就是自己，别人不对自己好，自己也一定要对自己好。

我记得之前在旅途中遇到的一个大姐说过，再穷再累，也要对自己好，也要出门看世界。所以她一年有60多天都在外面逛世界，并不是她多有钱，她只是把自己的工资攒下来用在旅途上而已。

她知道人会老，也只有这一生，年轻的时候尽力对自己好，年老才不会觉得活得亏。

对自己好点，你不该亏欠你自己。

单身时，哪怕再忙，回到家，也要给自己热一口热乎饭，不要凉到胃；

恋爱时，全身心投入时，也不要忘了自己也是一个值得被爱的人，你有被爱的资格，爱一个人别太满；

结婚时，更加要善待自己，琐事繁忙，也要记得，你也曾经是父母的小公主；

年老时，不要一心只为儿孙，儿孙自有儿孙福，你只管顾好你的当下，操心太多注定不幸福；

……………

曾有不少人说："每个月按时发来消息的是 10086，第一时间给你送上生日祝福的是信用卡中心，最关心你出游计划的是 ××旅游网。"

有时候，是不是有这种感慨呢？看上去很热闹的人群，似乎与自己无关，纵有数人在场，依旧形单影只。有人说最懂自己的只能是自己，能真心爱自己的人也只有自己。别人的爱，都是要还的。

说来说去，其实只有好好爱自己，才能配得上世间一切的好。

工作太累，给自己休个假放松一下；

太忙，偶尔任性一下，把事情往后放一放；

想吃，别控制自己，想吃就吃；

想买，看你心情，别委屈自己，想买就买；

……………

我们是女生，是父母的女儿，是丈夫的妻子，是孩子的妈妈，我们有很多角色，但也不要忘记，我们也是独立的个体，是公主，也是女王。

没事还得多赚钱

小表妹大学毕业了，准备入职新工作。

我问她待遇如何，前途如何。小表妹一脸茫然说："表姐，我还没想那么高深的问题呢。"

"那钱呢？"

"钱也不多，我就想着自己喜欢，能让自己开心就行了。"

这恐怕是很多毕业生的想法了，以为钱不重要，开心最重要。错了错了，过来人的经历告诉她们，钱，才是最重要的。

钱，可以证明一个人的能力大小，赚得越多，能力越大，压力也就越大，对于以后的职业前途，也是很有帮助的。钱少，也就意味着图那份安逸，往后没有太多提升空间。

表妹还是不屑一顾："那是你们，我不这样觉得，我快乐、自在就行了，那庸俗的一套，我不沾边。"

没钱真的行吗？不行。没钱会发生很多措手不及的事情，会让你摔个底朝天。

前年旅行认识的一个女朋友，她供职于一家小公司，事不多，闲，但钱也很少。

还算惬意，周末没事几个闺蜜聚一聚，平常小长假出去旅行往外走一走，不大富大贵，但也现实安稳。

钱不多，她无所谓，够花就好。

如果人生没有意外，那么这是最惬意的人生，可人生多的就是意外。她妈查出来癌症，要花不少钱，她是家里的独生女，一天几千元几千元地往医院里扔，家里的积蓄根本无法支撑，只能找亲戚七借八借来堵缺口，可还是差得远。

那时候她忽然意识到钱的重要了，真真懂得了，什么叫一夜急白头。她不敢再乱花钱，不但不乱花，也意识到了赚钱有多么重要。

想赚钱的时候，发现自己很难赚上钱，以前消遣惯了，一下赚钱无门。她会做点手工活，于是就在下班回来后，一头扎进房间里不出来，做到午夜12点，一个月下来，也能赚个3000多元。

就这样慢慢积攒下来，存了点钱，但每个月钱到手还没焐热，就被扒空了，因为要还借的钱。

后来她妈痊愈，借的钱慢慢减少。以后日子可以宽松一下的时候，她恋爱了，但男友没车没房，存款也就够付个首付。

她意识到自己又得加倍赚钱了，生活简直是一个吸血鬼，追着你跑。她欲哭无泪，放弃，跟男友感情深；不放弃，就只得继续往前奔。

某天深夜，我在她的朋友圈里看见她发的内容：

你以为自己赚的那点钱够花了，但远远想不到后面什么地方需要用钱，遇事才深知钱的重要性。平常还是多积蓄吧，遇事才不会大慌大乱，四处求人。

前几天看到一篇文章。

一个姑娘的父亲因为开车撞到别人，要赔对方 30 万元。而她，只是一个刚工作不久的新人，但她不得不承担责任。

她爸说要跑路，赔不起，因为那是天文数字。她说不能跑，跑了就一辈子都没法再做人了。

跑不行，不跑也不行，那怎么办？只能乖乖赔钱。

姑娘没有钱，深感绝望。她不知道怎么办，只能走上借钱这条路。

她算了一下，借 300 个人，每人借 1000 元，就有了 30 万元。但，上哪儿去找这 300 个人？

她写了一篇长文，在朋友圈内发布，因为态度诚恳，且是一个女生背负着巨大债务，很多朋友帮她转发。

一个多月下来，她真的借到了 30 万元，但也意味着日后的生活并不好过。她把那些借她钱的人列了出来，根据她现有的工资，她每个月可以还 5000，也就是可以还清 5 个人的债，她算了一下，一共要还 5 年。

她 20 多岁，还 5 年，近 30 岁。人到 30 岁，重新开始积蓄。那 5 年里，她要勒紧裤腰带过日子，偶尔吃一顿大餐，还得咬一咬牙，不能出去旅行，耗钱的聚会也需要全部取消，娱乐仅是不要钱的免费电影。

到那时，人就知道了钱的重要性，不会再说钱是个庸俗物，而说钱是救命物。

跟我认识 5 年的一个女生，是个小学老师，月入 5000 元，她深知能多赚钱就多赚钱的道理。她每年的寒暑假都没有浪费，接稿写，不论钱多钱少她都写。

去年她外婆住院，她舅舅拿不出钱来，她不想让舅舅犯愁，从银行卡里取出 10 万元给她舅舅，很干脆地说了一句：拿去用吧。"

她 27 岁，解决了一个 50 多岁人的危机。

昨天跟朋友闲聊，说到栗子，栗子是我们共同的好友。

朋友说，你知道吗？栗子信用卡欠了 70 万元。我不惊讶，我说或许买房，或许是买车了，总之用在正途。

朋友摇摇头，说她什么也没买，光生活开销，就花掉了 70 万元。有半年她没工作，光靠信用卡过活，没钱，还要用的好、穿的好、住的好。外人看起来的洒脱，都是信用卡支撑的。

我半天没反过神来。

平常洒脱的栗子，我真不知道她欠了这么多钱。如果没记错的话，栗子今年 35 岁，原来她在透支信用卡和透支青春过日子。

栗子说心情抑郁，万一撑不住不知道怎么办？我们只能站在朋友的立场去劝她，也不能说过多的话，多说也无益。

一个 35 岁的女人，理应知道自己该怎么办。

还能怎么办呢？慢慢还。一个月赚的钱，除了生活费，其他都用来还钱。她爸妈现在虽不用她负担花销，但如果出现一点意外，她该怎么活？这是一个沉重的问题，我想大家都想得到。

苏明玉说，没事还得多赚钱，成年人的底气是钱给的。

安迪说，多赚钱，才不会让贫穷限制你的想象。

你可以没有很多钱，但你一定不能缺钱。没事少矫情，多赚钱。赚够了钱，再去感叹、矫情，没人会说你半句多余的话。

余生很贵，不要浪费

看过一则短视频。

如果一个人的寿命在 78 岁左右，我们要花费将近 28 年在睡觉上，10 年在工作上，9.5 年在电视与社交上。我们剩下的时间，其实并没有多少。

如果你觉得自己现在还年轻，有大把的时间可以挥霍，那你就真的错了。时间从来不等人，你我都知道，皱纹是不经意间爬上来的，从来不是一天就长成的。

为什么有些人毕业不到两年，就能取得很好的成绩，而有些人工作了 10 年，还没有任何起色？这就是区别，时间区别。

好友美娜毕业不过才 3 年，却过上了让同龄人艳羡的日子。大家都夸她：工作好，收入高，很优秀。

但大家没看见她在成功背后付出的一切。任何地点都可以成为她办公的地方。无论是跟谁在一起，是不是节假日，公司一个电话，马上就能让她行动起来。

有一次大概在半夜，她手机收到一则信息。她揉了下眼睛，马上就跳起来了——改方案，根本不管那是凌晨几点。她手机永远不会关机，因为怕别人找不到她。

白天工作的时间，她一点都不会浪费，下班的时间，她也利用得很充分。才进公司时，她知道自己是职场新人，要想获得职业技能，必须比别人付出更多的时间跟努力。

如果是晚上 5 点半下班，那么她回家在地铁上的一个小时也不会白白浪费。吃完晚饭，继续工作，加强职业技能，洗漱，睡觉，午夜 12 点结束一天的疲劳。可不要忘记，那会儿她的工作量并不大，只是她自己给自己制订的工作计划。

所以人家只用短短 3 年，就已经打败了无数同龄人。她的高工资只不过是牺牲你打游戏、刷微博、玩抖音、做美甲、追电视连续剧的时间所换来的。

如果我们争分夺秒也可以做到。

在"知乎"上曾看到过关于时间效率的一个帖子，楼主分析得很透彻。

以此类推，一年 365 天，每天 4 小时，1460 个小时，整整60 多天。你比别人多付出的这些时间，就是额外的收获，也是你能超越别人的关键点。碎片化时间在关键时刻能发挥超常的作用。

为什么别人跟你一样的起点，却能在短时间内超越你？这就是时间的作用。

请勿浪费，时间很贵。

好友大兰曾跟我说过她的一件经历。

那会儿她交往了一个男朋友，是她的同事，她以为自己遇见了真爱，对那个男生特别好。

经过一段时间之后，她才发现，她所谓的男友其实就是把她当作工作助手，因为两个人在同一个部门，他做不好的工作，就交给大兰，大兰因为爱，乐呵呵地接受了。这都不是主要的，后来这个男生跟其他女生好上了，但还是要求大兰不要离开他。

大兰说，真是"活久见"。她平常在生活中属优柔寡断的人，但那次她出奇地果断，不管那男生怎么说，她就一个字：滚。

跟不值得的人，一秒都不想浪费。

综艺节目《奇葩说》里陈铭分享了自己的一个故事。

有一次他在微博上发了一张女儿的照片，想和网友分享一下他的喜悦。但下面有个网友的回复却把他气得吐血，这名网友嘲笑说他女儿丑出了天际。

他怒火中烧，正准备回骂，却被他的妻子制止了。"你说出口的时候，跟那个人又有什么区别？"妻子很智慧，因为这样的人，你反驳他，没有任何意义，也不知道这后面会有怎样的灾难，最主要的是还浪费时间。

时间很贵，请勿跟烂人浪费。

做值得的事，爱值得的人，你会发现，生命的意义很美好。

好友菲打来电话辞别，说她要去走访非洲。

她算是一个特立独行的女生，不依赖，不依靠，洒脱如云。大家都惊讶她为什么去非洲——"黑不溜秋"的地带，她神秘一笑：探索奇迹。

她今年 30 岁，去过大大小小 12 个国家。工作时努力，玩耍时洒脱，她跟时间赛跑。

她每一天都过得像一首诗，那是属于自己的一首诗。每当别人投去艳羡的眼光，她都会鼓励别人：你也可以。

没什么不可以的事，只要自己愿意，前提是不要把时间当作廉价的东西去践踏，体验不同的事情，你就能收获不同的成绩。

总是有不少人跟我感叹，时间一下就过去了。尤其是周末，睡到日上三竿，点个外卖，刷个剧，时间一下就到了晚上。一天下来什么都没干，把自己"霉"在了时间里。

但如果你起早一点，就会发现，时间其实很长，能做的事情也有很多，只不过有些时间是被自己白白糟践罢了。

人生短短 3 万多天，一部分时间用来睡觉，一部分时间用来工作，一部分时间用来吃喝玩乐。

你要仔细想想，哪些时间值得你好好珍惜，哪些时间值得你好好消遣，哪些事情你可以遗忘，哪些事情你可以不用计较。

想明白这些，你就会愉快地过好这一生。

作为朋友,我不知道该说些什么,可以说我遇人不淑。但这个人,曾经也是正常人,只是被自己的利益与懒惰迷失了心。我不会说什么,也不想说什么,一个成年人,该为自己的行为买单。

后来贴吧楼主告诉我,因为帖子的曝光,她返还了一部分钱,但终究没有返还全部。

我没有戳穿她,就当这件事我毫不知情,给她留足最后的面子,但我也没有再主动去联系她。她所犯下的错,轮不到我去说三道四,自有道德和法律将她绳之以法。

如今她怎么样我不知道,但我知道的是,她若继续执迷不悟,必定不得善终。

后来跟朋友聊天,聊到她的种种,得出一些结论。

懒与不上进是导致她人格受损的关键,一个人太闲,就会把脑子变得混乱,没有目的地活着,灵魂丧失,在社会上到处游荡。

不工作,房租怎么来,吃喝玩乐的钱怎么来?如果她是一个外形漂亮的女生,或许她会在现实里交男友。但她外形不漂亮,只能想出此种拙劣的办法来欺骗没有多少恋爱经历的男生。

归根结底,她懒。

她胖成140斤,舍不得把骗来的钱用在健身房里减下她身上的赘肉;

她一年实际工作的天数,少得可怜;

她有梦想,但从来是光说不练假把式;

她没有行动力,像寄生虫一样苟活于社会;

她不肯下功夫,自己的技能从来不努力修炼;

······ ······

好好的一个姑娘，非要背负上洗都洗不掉的人生污点，毁自己原本美好的人生。

说到这些，我不禁想起那些借网络贷、校园贷的女生。为了满足自己一时的私欲，不惜走上"绝路"。明知道网络贷是吸人血的魔鬼，还一次次靠近它。

为网络贷走向绝境的高校女生，她们一个个花季年华，因为走上这条不归路，家破人亡。

在所有人指责这些可怕的网络贷时，有没有想过这些女生的行为呢？自己不上进，不勤奋，被利益蒙蔽双眼，结果招来灭顶之灾。

上次看新闻，一个女生借网络贷，因为没有及时还上，导致利滚利，最后家人不得不帮她，卖房子抵债。

女生跪着哭求父母的原谅，说她以后再也不干这样的事了。年近60岁的父母，让观众看着都心痛。

不要说女生为什么不在正规平台上借钱，不是她没借，是她把额度借光了，借不到钱了才去借了网络贷，她的理智已经被疯狂给吞噬掉了。

上面那个骗钱的朋友，和那些借网络贷的人有什么区别呢？其实没有。看上去前者是骗，后者是借，但本质却是一样的。自己懒，又有需要花钱的欲望，只能用"损招"来透支未来。

她们的种种行为，除了自己和至亲的人，丝毫不会损害到别人。孰轻孰重，历经世事，我想她们会明白。

一懒毁所有。

第五章

做别致的自己，才有别样人生

世界上没有好走的路，但每一步都算数

在好几篇文章里同时看到过一个相同的问题。

这是一个妙龄女生发出的疑惑："身边越来越多的女生被包养，看她们过得很好，我的内心与价值观同时动摇，该怎么办？"

这个姑娘所说的，就是社会里被包养女生的普遍现象：年纪轻轻，全身都被名牌包裹，衣服、鞋子、手表、包包，甚至连洗发水，都用极好的。别人一个月 1000 元的生活费，可能只够她们吃一顿饭的钱，吃好的，玩好的，用好的。

这位提问的姑娘，控制着自己膨胀出来的"野心"，问得小心翼翼："看着她们过得那么好，赚到足够多的钱，年纪一到，找个老实人就嫁了，我竟然不知羞地觉得挺好。"

这个问题，可真是一个值得好好回答的问题。回答得好，能拯救万千少女，回答得不好，直接能把人打进十八层地狱，不得翻身。

针对以上，我也很想认真来做下回复。

当你选择被包养的那天，就是你人生沦落的开始。你的思想、精神以及未来通通跟着一起沦落。

　　用青春换钱，远远比不上用青春提升自己的技能。因为容颜会消逝，你的容颜不再有作用，别人唾弃你的同时，社会也会淘汰你。

　　姑娘，如果你有这个念头，劝你早日扼杀掉，不如把心思放到怎么样提升自己上。如果你22岁就伸手问别人要钱，8年之后，你最美好的阶段或许也就可以放至30岁，你被人踹掉，8年中你已养成花钱大手大脚的习惯，或许并没有攒下很多钱。

　　世上没有不透风的墙，如果你的"事迹"被别人发现，只能随便嫁个人，潦草过一生，太不值当。

　　如果你22岁，开始认真工作，把握好每一秒钟，努力修炼技能，那么5年之后，你可能会在你所在的领域发光。往后的每一年，你的技能都会增值，你的薪水也会越涨越高。

　　这么看来，你觉得哪种于自己而言比较划算？傻子都知道，好好学习、努力工作才是正道，成功没有捷径。

　　作家李莉说的那个故事，相信大家都看过。

　　她的同学兰兰，出身贫困。大二那年，兰兰家里七凑八凑也没凑出一个学费的零头来。

　　同学怂恿她，让她从事"兼职"，一开始她扭捏，后来一只脚跨进去了之后，再难拔出来，她尝到了有钱的滋味。

　　第一次，她就拿到了5000元，那笔钱，来得那么容易，来得那么干脆。那5000元相当于她一年的学费，她激动得泪流满面。

毕业之时，她也曾想过找份工作。但看着那微薄的工资，还顶不上平常"兼职"一天挣得多，她就产生了后退之心。尝过的"甜"，理应再次尝下去，于是那份"甜"，成了她的绊脚石。

她重新做回了老本行，一做就是 9 年。

她得到了什么？什么都没得到。她的"老相好"不再喜欢她的容颜，要找更年轻漂亮的姑娘，毫无情面地把她一脚踢开。她想找份工作重新开始，又发现自己没有任何技能。她想嫁个老实人，可过惯了花钱大手大脚的生活，又怎会甘于平庸。

世上的路都不好走，每一条路都要浇灌自己的汗水与热血，才能开出鲜艳的果实，你想走捷径，老天会让你一无所有。

在豆瓣上看到过一篇文章。

一个姑娘，因为厌倦了自己当下的工作，决定辞职，做自己喜爱的事情——当个插画师。

开始的时候，姑娘受到了很多阻碍。说她没有基础不行，太晚开始不行，放弃以前的工作做这个不行……总之，各种不行的声音，在她耳朵旁像苍蝇一样嗡嗡。

其实她也知道那些，但下定了决心便很难改变。她也明白一个道理，从零开始很艰难，要克服的难关不是一丁半点，可是她做好了克服一切的准备。

她迅速着手，计算机 PS 软件、Wacom 数位板系统……

因为没有基础，手绘对她来说非常难，刚开始的时候她老是画不像。后来她就在网上找最简单的插画临摹。

她坚持了 4 个月之后，Wacom 的几个表现方式掌握得七七八八，不仅如此，她的临摹与原画相比，也算是比较接近了。

等有了点底子，她就开始学着半临摹，也就是加入一些自己的创造和想法。在此之前，因为底子实在是薄弱，她去报了素描班，从最基础的直线条开始，每天反复练习。

很多时候也会觉得累，但想想自己成功的那一刻，滋味肯定很美好，于是又挺了下来。

她花了整整一年，从什么都不会，到后来的原创。别人看见她的最终成品之后问她，非科班、零基础真的可以学好吗？当然可以，这是往日种种经历告诉她的。

但是这中间，你必须牺牲很多东西，也要有力量去抵抗外界的质疑声。

别人出去玩的时候，你要在家老实练习；

别人看电影、唱 K 的时候，你要在家认真练习；

别人刷微博、玩抖音的时候，你要在家刻苦练习；

不仅如此，你还要克服自己一遍遍都画不好的沮丧情。直到最后，你能完美地画出一幅别人认可的原创画。

世界没有好走的路，但每走一步都算数。

你仅有的年轻岁月，你所有的热情，希望都能放到你想做的事情上去，一点点让它成为让你值得骄傲的事情。

不妥协，坚守快乐

还记得《阿甘正传》吧，无论时隔多年，想必都会记得。

阿甘的故事太励志，生活太认真。

幼年的阿甘，是一个被生活判"死刑"的低能儿，智商只有75，走路要借助腿部支架，被同龄小伙伴追着欺凌。

他对糟烂的生活妥协过吗？没有。他挺直胸膛，一遍遍练习走路，无数次尝试奔跑，又无数次摔跤。

因为一次次不妥协与不放弃，他跑进了大学，跑成了橄榄球明星，跑成了战争英雄……成为一个十足闪光的人物。

若是妥协，等待他的就不是鲜花与掌声，而是嘲笑与平庸。妥协与不妥协的区别在于，前者自甘堕落，后者不屈服，听从命运安排。

下面再看一个故事。

有一个女生，高考失利，读了她不喜欢的专业，她的梦想是在计算机行业成为一等的"黑客"。

对，你没看错，就是一个女生喜欢这个专业。第一学期，她们学校可以允许转专业，但是她没有这个机会，因为专业成绩排行前三，才有资格转专业。

她没妥协。

寒假时，她去了一个电子厂工作，每天兢兢业业，假期结束时，她学会了怎么修理笔记本电脑。

后来毕业后，大家都准备开始考研或就业。她知道自己的初心，放弃了考研或就业。她拿着自己打工的钱，去广州报了个培训班，专门研习系统开发。

一切结束后，她才跟所有毕业生一样，踏进就业之旅。第一份工作，程序员，薪资不多不少，月薪税后 5500 元。

她没有眼高手低，勤勤恳恳工作一年之后，月薪翻了两倍多。两年之后，年薪涨到了 60 万元；又过了几年，她便成了那一领域的"一姐"。

如果当初没坚持走这条路，她或许就不是现在的自己，过的也是截然不同的生活。我想，当初她也无数次与自己的内心对话过，无数次在深渊里挣扎过吧。不过现在都已不重要，重要的是，她没有妥协，遵循了自己的初心。

还有一个同学。

她初中的时候成绩名列前茅，高中的时候开始走下坡路，看电子书、玩游戏，心思不在学习上，成绩中下。

她爸妈开始担心她的出路，因为她爸是美术老师，所以想让她去学美术，起码有一技之长，未来的生活不会那么穷困潦倒。她内心是抗拒的，学习美术就意味着要选择文科，她并不热衷于文科。

她很小的时候，就喜欢自然科学，也喜欢理科，想当科学家，虽然她知道自己不是那么聪明也没那么刻苦，但她就是热爱理科。

她跟她爸说，能不能给她一次机会，让她学习理科。她每天都给她爸妈做思想工作。直到某天，她爸终于松口，在分文理前最后一次考试中，能考进学校前 100 名，就答应她学理科。

若平常听了这句话，可能是晴天霹雳，这次可不一样，那是梦想的通行证。

她充满了干劲，充满了斗志。她开始下狠心，把游戏全部卸载，把电子小说删得干干净净。她要把往日浪费掉的时光，在那一个月里补回来。于是她不分白天黑夜地学习，痛苦又快乐。

发榜那天，她是年级第 98 名。她回家又笑又哭地跟她爸说，她成功了。她爸也履行了承诺，让她学了理科。

现在的她早已步入了工作，我们笑问她，如果当初听你爸的选择了文科会怎么样呢？

她说："我也不知道，但我清楚的是，我学了自己想学的，往后的日子都不会后悔，不会觉得青春那一栏里有空白。"

如果一次次向生活妥协，向别人妥协，生活就会黯然失色，会少了几分意义。我在生活中见过很多不妥协，有傲骨的青年活得照样很快乐，不向现实屈服，也不被外界因素所干扰。

很多人都喜欢大城市，向往大城市。那里包罗万象，可以满足自己所有的欲望，也能成就自己的理想。但很多人被生活打败，向现实妥协，信心百倍地来，灰溜溜地走。

2017年某天的深夜，北京火车站候车室，我遇见了一个姑娘。

她的行李引起了我的注意，几个大包，还有两个箱子，而她只有自己一个人，我不免把目光聚焦在她身上。

我买了一瓶矿泉水递给她，起先她不愿意接受，毕竟是陌生人的东西，我说明来意后，她愉快地接受了。

她看上去29岁左右，实际上也差不多。我问她这么多行李为什么不邮寄，都要自己带回去。她浅浅一句话："省钱，运费多贵啊。"

聊天里，得知姑娘北漂了足足5年，现在她的这趟火车，正运送她走上回家的相亲之路。

5年前，她踏入这片土地，告别自己的小县城，斗志昂扬地来这里，立志要做番像样的事业才能回去。她投简历，找房子，布置房间，适应这座城市的一切。

现在5年过去了，回首往事，历历在目。"5年呢，把我弄得精疲力竭，什么都没留下。"她唉声叹气地说。

她家里爸妈下了死命令，一定让她回老家结婚，不回去就跟她断绝关系。她怕了，接到父母电话的第二天，就办了辞职手续。

其实，第一个缴械投降的是她自己，都知道父母不会真的跟自己断绝关系，她把这个当作借口，向生活妥协了。

　　过了一段时间，她看了看车票，跟我说了声告辞，艰难地拎着大包小包渐渐走远。

　　我重新回到座位上，我不知道她叫什么名字，也不太懂得她中间经历过什么，但我所看到的结局是悲惨的，是不尽如人意的。

　　也许不只是她，很多人或许也这样。遇到挫折，身上的热情就一点点冷却，直到凉透为止。

　　妥协，或许是我们一生都要为之斗争的问题，但只要你还有精力去反抗，你就要反抗，不作笼中之兽，要稳抓自己的幸福。

偷过的懒，都会变成最终的痛

她叫王眉。

王眉出生在农村，祖辈世代务农，她还有一个姐姐和一个弟弟。姐姐大她三岁，弟弟小她一岁。

父亲知道自己没有什么才干，所以把所有希冀都寄托在儿女身上，拼了命地干农活，没日没夜地嘱咐他们，要认真读书，才能走出农村。

家里担子重，要养活的人太多，父亲被生活压得直不起腰。大姐聪明伶俐，也最会心疼人，想早日为父亲分担一点痛苦，尽儿女的职责。所以大姐读到高二就不再读书了。父亲起先还大骂女儿不孝，后来默认了。

大姐聪明伶俐，是个有前途的人，她自己选择了放弃，她不怪任何人。后来大姐去了广州一家工厂当流水线工人，每月攒下来的钱都会抽出一大部分寄给家里。

于是，希冀便落在了王眉跟她弟弟的身上。

王眉是个平凡的人，长相与才能都不及姐姐和弟弟，姐姐聪明伶俐，弟弟才貌英俊、学习刻苦。

她不出众，在家里和班级上都是如此，弟弟成了家里重点栽培的对象。

不能说王眉不懂事，只能说她后知后觉。初中的时候成绩勉勉强强，升入普通高中，进入文科班。弟弟学习刻苦些，进了县重点高中。

一个本来不富裕的家庭，又经历了不堪承受的灾难。父亲在给人砌墙的时候，不小心从高处跌落下来，此后他只能算是半个劳动力了。

某天父亲把王眉拉进房间，避开其他人，沉默了一阵才开口说话，声音很轻："要不，你把读书的机会让给你弟弟吧，反正你也不擅长念书。我呢，也很早就看出来了，你不是读书的那块料。把学习的机会留给弟弟，以后他出息了，咱们都能跟着光荣。"

王眉不说话。

第二天她跑去对她爸爸说："好"。

王眉在高三那年退了学，办理退学手续的那天，她抬头看看四周，校园生活原来也很美好。

弟弟问她为什么要退学，她现在是关键时刻，不能退学，再熬一年就出头了。王眉摇头，说你不懂，你好好学习就行了，不用管我。

王眉向父亲要了点钱，买了一张北上的火车票，去了北京。身无一技之长，只能先寄宿在小旅馆里，再做打算。

她先是去服装店，做销售员，因不会招揽顾客，没三天就被辞退了。她跑去网吧当收银员，日夜颠倒，坚持了3个月，存了一点钱。找了个小房子当落脚点。发传单、打零工……赚钱，存钱，时不时给家里寄回去一点。

她嘴巴笨，不会说话，但她还算勇敢。那年，她20岁，长大了一些，也有了一些底气。

后来她在街上，看到给大型商场做宣传的主持人又说又笑，活泼机敏。她心里悄悄萌生了一个想法，不如自己也试试这行吧。

她刻意观看那些主持人演讲，观察留意。经过多日的研习，她觉得当讲师和当主持人差不多，可能会赚钱，也会出人头地。

而且越怕什么，就越得锻炼什么。

她决定，去当一名讲师。一直这么浑浑噩噩下去，不是办法。

没有学历，她去公司当了一名小客服。专门负责接打电话，锻炼自己的胆量和说话技巧。

一天下来，她要接100多个电话，要受无数次谩骂。她经常躲去厕所抹眼泪。很累，但她坚持了下来，因为她在学习成长。

她试着交朋友，也在慢慢尝试改变，话渐渐多了起来。那每天100多通电话里，就算每通电话说两句，她一天也要说200多句，长此以往，耐心渐长，也更会聊天了。

后来，她成了讲师助理，一天下来，要跑好几个场子，负责的事情多且杂。没太多学识，她便自学，用笔记在本上，回头再记在心上。

她深知自己要摆脱贫穷，要摆脱旧日的种种，就必须下狠劲才可以翻身。

她跟着讲师从不同的城市颠沛流离，赶往一个又一个不同的会场。耳濡目染，每天疯狂练习，两年后，她自己也站在了舞台中央，给台下观众演讲。

当财富日益增加，地位逐渐提升，她意识到高中那年留下的遗憾和不足，开始自考大专、本科，她要全面性超越。

累吗？非常！祖辈的悲苦命运，她不想持续。利用4年的零碎时间，她把专本全部读完。当年那个说话都结巴的女生，现在成了舞台上闪闪发亮的明星。

王眉的姐姐，嫁了人生了子，后来跟随丈夫去杭州开了一家饭馆，因为勤奋踏实，日子过得还算不错。

王眉的弟弟，考上了医科大学，成了一名医生，也算圆了父亲当年的话——光宗耀祖。

王眉，全靠自己，在北京扎下了根。

这一年她29岁，没有找男友，一心忙事业。父亲也没有催促她，因为知道她是一个能管好自己的人。

这么多年过去了，王眉没有一天不在鞭策自己。因为她知道，贫穷的人只有依靠勤奋，把勤奋当作一把"劈山斧"，才能开创出一片明朗的天来。

我们跟王眉一样，大多都是平凡的普通人，只能靠自己去闯。如果你今日偷懒，明日偷懒，未来总有一天，这些懒惰都会变成响亮的巴掌打在自己身上，然后变成让人无法忘记的痛，遗憾终生。

有梦不觉寒

有梦想，就有未来，什么底层，什么出身，通通可以不作数。

说一件事吧。

那年秋天，我们姐几个围坐在一张小桌前，聊人生，聊理想。

最开始说话的是橘子，她说她要去山区当老师。我们大笑，当老师有什么出息啊，而且还是山区老师。我们频频摇头，让她换一个理想。她态度很坚决，说就这个理想，不换了。

然后轮到大燕，大燕的理想相比橘子来说，俗气了点，她说要赚很多很多钱，成为县城里的富豪。

再接着就是我，我说我要写畅销小说，超越谁谁谁。

说完话的余音仿佛还在嘴边，几年却过去了。

最先实现梦想的，是橘子，她成了山区老师，教小学六年级。前年我和大燕一起去看望过她，她的梦想虽然算不得伟大，但很有意义。

班里的那帮熊孩子左一个老师、右一个老师地叫着她，你就知道，橘子在这里有多受欢迎。放眼望去，这里的交通都是闭塞的，娱乐设施更是什么都没有。

橘子一个活在 21 世纪的人，仿佛一下回到了"解放前"，成了一个"山村大姐"。那一刻，我们却都很为她自豪。

没有实现梦想的，是我和大燕。

大燕在为她赚很多钱的梦想，日夜努力着，在大城市拼命加班，拼命见客户，舍不得享受一天假期，像陀螺一样转动，但也没有赚到很多钱。可她没有放弃，依旧在努力，并且坚信一定能走向发家致富的道路。

我呢，也没有超越谁谁谁。

我没有很多时间写自己的小说，写了 1000 字，就被别的事情干扰。我暗自咬牙发力，今年一定要完善我构思已久的那部小说，不然枉费自己的梦想。没有抵达彼岸，还在全力以赴。

我们都是很普通的人，都在为自己的梦想各奔前程。普通又珍贵，平凡而伟大。我想，追寻梦想的过程，也是追求人生的过程，这是我们存在的意义。

对负面情绪 Say No（说不）

情绪是我们生命中的一个重要部分，积极的或消极的都无可避免。相对而言，我们喜欢正面情绪胜于负面情绪，可成年人的世界怎能时刻被正面情绪占据？控制情绪稳定就是我们人生中必经的一课。

有一天路过一所小学的校门口，看到一群孩子围着一个小女孩。

原本以为是这个小女孩受了欺负，走近一看，才知道这个小女孩在哭，其他的小朋友都在安慰她。于是，随手拍了一张照片发在朋友圈。

结果不少朋友在评论区留言，打动我的有这几条：

"成长便是把哭声调成静音。"

"长大了，就一般是一个人关了门和手机默默哭泣，然后告诉自己，没事，都会好的，然后继续若无其事地工作和生活。"

然后我翻看了后面这个朋友的朋友圈，除了旅游的照片，就是和朋友的聚会及一些工作动态，确实是岁月静好的模样。

但当看到她近期分享的歌曲是刘若英的《给十五岁的自己》

和大乔小乔的《消失的光年》后，我便明白了，其实在她的内心深处，也有对青春的怀念和时光的感慨。她以这种含蓄的方式表达出来，想让能懂的人自然懂。

大约很多人都有这样的体验，年轻的时候，自己的嬉笑怒骂恨不能让全世界看见和听见，仿佛自己就是这个世界的中心。一旦自己的心情不好了，就需要用他人的安慰来抚平那些悲伤。我想怎么宣泄，都随自己的心情，管不得他人。但随着年龄的增长，越来越多的人把自己的情绪隐藏起来，朋友圈里也渐渐看不到那些真实的情绪，甚至也没有负面情绪。

是因为我们的生活过得比从前更好，还是我们没有负面情绪了？

负面情绪从来不会消失，七情六欲是人的本能，人类比任何动物都能感知自己的情绪。

何况生活从来不缺少磨难，只要我们活着，那负面的情绪就会如影随形。往大了说，亲人的健康出现状况或离世；往小了说，没有买到心爱的衣服或吃到喜欢的食物，这些都会影响我们的情绪，而我们每天得应对多少琐事和多少人际关系，怎么会不被影响呢？

不过是在岁月的磨炼中，我们学会了应对和处理负面情绪。

有一个很久没见的朋友来 C 城见我，我们已经有四五年没见了，但我偶尔会从朋友圈里看到一些关于她的消息。见到她的时候，她已经不再是那个梳齐刘海的小姑娘，而是有着干练短发和精致妆容的姑娘。

"怎么样，这几年过得顺不顺利？"我试着了解一下她的状态。

"嗯，算不上顺利吧。前男友回了内蒙古，我回了四川，就没见面了。去年做了一个手术，一直都没告诉家里人。本来想着身体好一些换一份稳定的工作，如今也没有着落。不过也还算好吧！"

"可是，我都没看你在朋友圈里或者跟朋友宣泄过什么啊！"她的朋友圈一直以来都是三餐四季的"清淡"模样。

"呵呵，我这些事没什么值得说的，不过是寻求一个安慰而已。安慰也只能安慰，不能解决问题，只能白白让别人担心了。要是遇上一个心情不好的朋友，看到这些情绪就更觉得压抑了。"

"那这些情绪你一个人都怎么消化的啊？"

"经历的事情多了，自然就看淡了，我这些都算不得什么事啊！可能我对于生活的体会也不一样了吧，之前认为顺顺利利就是一种幸福，要是有一点不顺心的事就会觉得不幸运，但如今我倒认为生活需要经历一些事情，才能认清它的本质，才更会处理事情，才会更珍惜身边的人和事。如果一定要分享方法的话，我会选择让自己的生活变得丰富一些，比如运动、学技能、看话剧等，生活充实的时候，自然就会忘记那些不愉快的事。"

看着面前这个淡然的她，我瞬间感觉到我和她的心理年龄有了一定的差距。没有负面情绪宣泄的人，并不代表着他的生活顺风顺水，他们不过是选择另一种途径消化了自己的情绪。

的确，没有人有义务承担我们的负面情绪，每个人的生活都是悲喜相交的，如果我们将他人当成了自己不良情绪的宣泄口，这对他人无疑是一种不公平。

那些隐藏了负面情绪的人，不愿意自己成为他人情绪的导火线，也懂得默默承受生活带给他的体验，这些人的人生，无论痛苦与否都自行品味，他们才是生活中的强者。

正如她所言，负面情绪也有其意义。如果你有嫉妒他人的情绪，是因为你看到他人的优秀而渴望变得更优秀；如果你因为失去什么而悲伤，是你内心对某人或物的珍惜；如果你是因为某次的失败而有挫败感，那代表有追求成长的进步意识……负面情绪并不可怕，而你需要挖掘到负面情绪背后你向往的是什么，然后去改变能改变的，去接受不能改变的。

而真正会处理负面情绪的人，并非将它累积在心中成为顽石，最终让它占领了心灵的空间，他们会在认识情绪之后，以另一种方式将其转化。你或许可以戴上耳机在音乐的陪伴下来一次远足；或许可以学习一项新型的技能来全情投入；或许可以打开自己的心情记录本将它们藏在里面；甚至可以泡上一个舒服的澡后睡一个饱觉……没有人永远活在阳光里，总会有阴暗的时候，一个人的独处也能把负面情绪化成一种新的体验。

所有的情绪，都有其存在的理由。有人在负面情绪中哀怨一生，也有人学会了和负面情绪和平共处。所以，聪明的人不会让情绪左右生活，而是会主动积极地控制情绪以掌握自己的命运。

如果你爱这温柔而残酷的人间，就要学会接受它赐予你的磕绊，让你的正能量和负面情绪都成为人生中不可复制的情感体验，这才是完整的人生啊！

当你学会如何让负面情绪静静地消失而不影响自己和他人的生活，你也成了真正成熟的生活强者！

享受现在

过去、现在、未来，是一个永恒的存在。喜欢回忆的人活在过去，凡事考虑结果的人活在未来，只有享受当下的人才活在现在。

活在过去的人沉浸在自己的世界里，而忽略了当下身边的人或物；活在未来的人患得患失，一切为了未来考虑而放不开姿态；活在现在的人洒脱自在，拥有人生最真实的姿态。如果人生是一趟列车，那就按照轨道驶向终点，享受每一站的美好，前一站已然经历，下一站终会到来。

高考后，小米想填报的志愿是英语专业。可真正填报志愿的时候，家里人却说，英语是一门随时随地能自学的语言，让其选择了文学相关的专业。大学毕业后，小米成为了一名老师。

这是她之前没有想过会从事的工作，但真正踏入岗位的时候，她没想到自己会乐在其中。凭借着天生的亲和力和强烈的责任感，小米在初入职场之际就站稳了脚跟。

可当工作的压力向她砸过来时，她便对这份工作有了抗拒，开始想着逃避，并一遍又一遍地在脑子里设想着如果当时选择了英语专业会怎样。

就工作的热情渐渐减退之后，她就一直关注英语专业同学的动态，看着他们从事着翻译的工作而羡慕不已，总是想象着自己成为那般模样，觉得如果当时坚持自己的选择会有不一样的人生。

就这样，她不愿意在现有的工作中投入更多的精力了，但天生的责任心又让她不忍心对工作敷衍了事。于是，小米一边做好本职工作，一边又挣扎着，让现在的工作仅仅成为一份谋生的工具。

眼看着工作年限一年年增长，她的事业却没有多少起色，可惜了之前大家对她的称赞和期许。

其实以小米的资质，要在现在的工作中走出她的特色并不是难事，何况她在内心能寻找到这份工作的快乐。可她选择了在内心抗拒，但又没有去改变现状。既然选择当下的路，便应全力以赴地努力。若是真正为它的改变拼命过了，倒也没有什么遗憾的事。在过去和现在之间摇摆不定，只会陷入困境。

其实不仅是小米，有多少人踏入职场之后便会后悔自己当初的选择，诸如"我当时要是选择××学校就好了""我当时不读这个专业就能有更多的出路""都是家里人当初非让我这么选择"……

那些所谓的当初，不过是对现状不满的一种表现。如果回到当初，那许多的事我们都不会这么选择。

也许我们不会留在一个陌生的城市；也许我们不会把分手轻

易说出口；也许我们会留更多的时间给家人；也许我们不会熬那么多的夜；也许我们会用更多的时间来学习……可这世间哪儿来的那么多也许，那不过是逃避现实的借口。

我们没有当初，只有现在。

留在一个陌生的城市，如果它是你喜欢的，便让它成为你的第二故乡，若是你不喜欢的，那就用自己的方式离开；如果分手已经无可挽回，那就在祝福之后轻轻放下，然后开始你新的人生，否则只会成为你幸福的阻碍；你要是对自己的家人心生愧疚，那就从现在开始多一些陪伴；熬夜的习惯从今晚开始戒掉，从今往后好好爱自己……

没有什么是过不去的，过去已经过去，你抓不住也改变不了，而现在握在你的手中。若是再让它流逝，也便成了下一个令你懊悔的昨日。

在年底的小学同学聚会上，我碰到了盈盈。她是带着4岁多的孩子来的，我也就随口问了一句："孩子爸爸呢？"听说他们是大学的同学，从校园到婚姻的爱情是多少人都羡慕不已的。

"我们离婚很久了！"说这话的时候，她是带着笑意的。

原来盈盈和孩子他爸结婚不到一年就离婚了，离婚的理由是柴米油盐酱醋茶的生活不适合彼此。在外人看来，这样的分手简直不可思议，那么久的感情怎么割舍得了！

于是，不停有人来劝和他们。可他们不想在婚姻的世界里慢慢消磨曾经的那些美好，与其彼此牵绊不如放手。离婚之后，孩子由盈盈抚养，孩子的爸爸也会定期陪伴。如今，他们在自己的世界里各自安好，也彼此祝福，并等待着新的幸福。

盈盈很平淡地和我讲述了她的过往，仿佛这是他人的故事。她甚至享受现在的单身生活，因为一个人自由自在，能重新体验一回青春。

何况现在她还有孩子陪着自己，有了他就有了全世界。在感情上，她绝不拖泥带水的潇洒转身，竟让我有点敬佩，就算外界有争议的声音又如何，她遵循的永远是她的内心。

"我从不埋怨任何人，我也不会走回头路。"一个离了婚带着孩子的女人，并不认为自己的生活就不如别人。相反，她坚持有一份自己的工作；周末的时候不是上培训课提升自己，就是带着孩子和朋友聚会或外出散心。她说她的朋友还在调侃，他们那些在婚姻里的人反倒羡慕她这样的状态呢。

在现实生活里，无论是怎样的一段结合，在爱的时候享受爱的甜蜜，在离开的时候各自安好，这也是爱情美好的样子吧！

或许他们的感情并没有天长地久，但只要在一起的时候真心拥有，何不顺应本心而活呢？多数人欣赏这样的洒脱，却迷失在感情的旋涡里。拥有的时候不懂珍惜，而在失去后拼命挽回，这才是感情狼狈的样子。

真正让人享受的爱情便是爱在当下！只愿你拥有爱，而不迷失在爱里。

但生活往往就是一种考验，不活在过去的人有时却活在了对未来的等待里。"等我有钱了，我就带你去看看这个世界""等孩子成家了，我一定好好爱自己""等房价再降一点我就买房""等下次他再来开演唱会，我就和你一起去看""等我来 × × 城的时候，我们一起吃饭啊"……你们是否曾想过，在等待中你们错过了多少。

房价永远在涨，你一直没买上房；和小伙伴的约饭永远都是下一次；下一场偶像的演唱会，她已经没有陪伴在你身边；等孩子成家了，你又忙着带孙子了……你一直在等，也一直在错过。

而更令人惋惜的是，有些东西也许等未来真正拥有的时候，曾经想要的那些已经不是当时的滋味了。

所以，与其寄希望于未来，不如在现在行动。生活没有等来的幸福，未来永远充满着变数。正如《牧羊少年奇幻之旅》里说的："我现在还活着。当我吃东西的时候，我就一心一意地吃；走路的时候，我就只管走路；如果我必须打仗，那么这一天和任何一天一样，都是我死去的好日子。因为我既不生活在过去，也不生活在将来，我所拥有的仅仅是现在，我只对现在感兴趣。有了这样的心态，你才能享受现在，你才能感受到雨中的浪漫、风中的柔情以及阳光中的温暖，你才能不念过往，更不惧未来！"

不必"佛系"，也不应太现实

"佛系"，这个词最初出现在 2014 年日本的一本杂志中。

2017 年，"佛系青年""佛系买家""佛系家长""佛系生活"等词火遍网络，成为当年的一大流行语。

所谓的"佛系"，其实就是一种生活方式和态度，正如宗教中的佛——无欲无求，凡事看得开，只追求内心的平和。

阿南就是这样一个"佛系"女子。

无论什么时候约她出门，你绝不会在楼下等太长时间。对她而言，她从不愿意花心思在穿衣打扮上，衣服能够穿得出门就是满意的。要是某天你夸她衣服穿得有品位，她给你的反应可一定不是"哦，真的吗""谢谢你的夸奖"，而是"是吗"，然后就没有下文了。

要是一起吃饭，对于吃什么，她似乎也没什么可计较的，"你看着点吧，我都可以"或是"随便，你们喜欢就好了"。一个人住的时候，有人一起做饭就丰盛一些；没人做饭就一碗面或是粥对付过去了。作息对她而言就是一件随意的事，想早睡或晚睡都随心所欲。

在社交问题上，她更是把"佛"字体现得淋漓尽致。微信群对她而言就是一个摆设，所有的群被加入之后通通都被设置成"免打扰"，她也基本不在群里面发言，私人信息也是依心情行事。曾有朋友跟我抱怨，给阿南打了17通电话都没有接。

后来我向阿南确认这件事，她直言因为那段时间心情不好，什么电话、信息都不想理睬。我真的在怀疑她这样的人会不会有长久的朋友，可阿南似乎也不在意谁走谁留。

如果和这样的人做朋友，你试想一下会不会恼火？你身边是不是也有这样的朋友？他们似乎对于一切都毫不在意。在他们看来，人的一生就是读书、工作、结婚、生孩子、养孩子、养老，而终点都是死亡。

活着的时候没有必要累死累活地折腾自己，怎么舒服怎么过，一切顺其自然就好。工作有什么可拼的，过得去就行；感情有什么好争取的，是你的就是你的，不是你的强留也无用。

这样的随遇而安是否真是生活中应有的状态呢？"佛系"也有它的存在价值：没有了功名利禄的争夺，也就少了一些钩心斗角的烦恼；没有了不顾一切的奋斗，也就争取了一些健康的可能；随性而为一些，也可能给自己和身边的人减少些许压力。

可若是一生都如此，你确定不会在年老的时候读到保尔·柯察金的那一句"一个人的一生应该是这样度过的：当他回首往事的时候，他不会因为虚度年华而悔恨，也不会因为碌碌无为而羞耻"而自责吗？

人来这世界走一遭，并非一张白纸似的过完一生。

我的朋友曾和我分享过一个故事：一位富翁一天到海边看日落，正好看到一个农民在种地。农民种了一会儿地，便坐在海边看日落，于是，富翁就走过去劝说农民，说太阳还没有下山，他这是偷懒的行为。从现在到天黑还有那么长的时间，足够他种更多的庄稼了，他应该先回去把地种完。

结果，农民反问富翁他为何要种这么多的地。富翁的商业发展思维马上发挥了作用：你多种出的产品能多打粮食，粮食多了自然卖的钱就多；钱多就可以生钱，生出的钱能支持你创业，这样你的事业就会越做越大，最后成为亿万富翁。农民依然反问，成为亿万富翁能做什么呢？

富翁告诉他，成为亿万富翁就可以和他一样在海边潇洒地看日落。然而农民的回答让富翁没有接下去的想法了：日落，我这不正看着呢吗？

农民的想法便是现实中的一种"佛系"思想：既然最终结果都一样，我何苦多遭这份罪呢？但是，农民看的日落和富翁看的日落是同样的日落吗？农民看的是一种自然现象，而富翁看的是在经历了千帆之后的淡然心境。如果你连这个世界都没有闯过，就不会看出这样的差异。

当然，远离"佛系"的生活并非让你完全规避它。若是凡事都计较，凡事都带有目的性和功利心，凡事都想着赢，那这样也失去了生活的意义。

在现实生活中也不乏这样的人，他们交朋友并不在乎真心与否，而在于这个人能否给自己提供帮助，如若不能就不在他的考虑之内；他们做事情只看它对自身是否有利，而不在乎这件事本身是否有意义；他们终日奔波着赚钱，为了个人的发展而没日没夜地拼搏，以至于工作就是全部；他们但凡遇到不如意的事，便想着老天对他不公而失去生活的热情……

如果你过的是这样的日子，那你的内心是空的。在深夜里，你甚至找不到一个能陪你聊天的人；在你落难时，身边的人不会全力向你伸出援助之手；你也可能和健康渐行渐远……因为你活得过于现实。

若是你想让你的日子留下一些印迹，那就请你热爱生活，让你的每一天都有一些丰富的色彩，也请你在拼搏的路上给自己留一点时间。凡事皆有度，生活亦如此，不必太"佛系"，也不应太现实，一切刚刚好！

别在该吃苦的年纪选择安逸

迈克尔·柯蒂斯导演的电影《卡萨布兰卡》里有这样一句台词："如今你的气质里，藏着你走过的路、读过的书和爱过的人。"无论我们想不想，时间都会慢慢地改变我们，我们有权决定的是想成为怎样的自己。

如果你选择了在时间里做一个吃苦者，或许苦读的路枯燥乏味；或许行走的路风餐露宿；或许追求的事业阻碍不断……你也曾迷茫和退却，可忽然有一天你发现，你正经历着前所未有的人生：

腹有诗书的人丰富了灵魂深处的气质；

行路万里的人丈量了这个世界的广度；

躬身事业的人成就了自我人生的高度；

…………

而那些不曾前行的原地踏步者已经在你的世界之外，仰望着你前行的背影。改变永远都是时间的累积，我们每一步都注定了一个新的改变。吃苦并不可怕，可怕的是你用安逸杀死了自己。

佳佳和洁洁是同一个村的发小，她俩从小学到高中都在同一所学校。到了大学选专业的时候，她俩一起选择了师范学校。毕业之际，她们面临着一个选择——出国交流或留在国内。

出国交流要服从安排，必须 3 年合同期满才能自主择业。佳佳原本想让洁洁陪着她一起，可洁洁对于未知的世界有些迷茫——吃得习不习惯，住得习不习惯？那里的人好不好相处？这么远想家了怎么办？危险的事情是不是更多？即使佳佳多次劝说，她最终还是选择回老家做一名稳定编制的老师。

在越南交流了 3 年之后，佳佳选择了到非洲继续她的交流之旅。刚到国外的时候，人生地不熟自然让她受了不少气：在国内一个电话能解决的事在那儿往往需要三求四告；在国内凡事有人帮忙，而在那儿一切靠自己；要是生个病或过个节更是思乡之情泛滥……

可佳佳却一边吃着苦，一边受着：她认识了不同国家的朋友，分享了不同朋友的人生故事；她在不同的交流中学习了不同的语言；她到过不同国家的不同地方，看过一些不一样的风景……

谈起这些年的经历，佳佳整个人都释放出一种能量。回国之后，她想把这些故事都写进书里。

而这些年的洁洁呢？她确实不需要像佳佳那般四处奔波，也不用面临随时随地都可能发生的变化，因为她的生活基本限定在了一个区域。回了老家没多久，洁洁就在所谓该结婚的年龄结了婚。

她的生活就剩下上班、带娃、做家务，若更丰富一点就是和朋友相聚。有父母的疼爱和老公的陪伴，家里的重任都由他们担着。她的生活循规蹈矩，没有多少挑战，也没有怎样的变化，这一生也许就在这地方日复一日地过日子。

选择不同，相同起点的两个人最终走向了不同的轨道。人的一生终归是要回到平淡，可没有经历风雨的平淡便是平淡无奇了。

如果将来她俩的孩子成长在同一个环境里，佳佳的孩子看待世界的眼光应会更远吧，因为人生阅历不同的母亲所带给孩子的也是不一样的。

若是在吃苦的年纪安逸，到老不过留下白纸一张；若是在吃苦的年纪选择了奋斗，走过的心路历程就足以品味一生。

这个世界存在着不公平，却也有相对的公平。

当你在家里抱着计算机打游戏的时候，有人在图书馆里啃书；

当你迟迟不肯放下追着的剧，有人在加班加点完善工作；

当你躺在床上做着美梦，有人在晨跑并做好了新的一天的准备；

当你还在犹豫着旅途会不会颠簸，有人在终点慢慢欣赏人文美景；

……　……

每一个人的选择不同，他的行为也就不相同。

你贪图的享受最终让你只能羡慕地看着他人升职加薪；羡慕他人成为"行走的衣架"；羡慕着朋友圈里一张张的美景……

但从来都没有平白无故的成功，所有成功背后都藏着他们坚持吃过的苦。

小庆毕业之后一直都想买房，因为家庭条件一般，所以他想依靠自己的力量。工作之后，他的工资处于一般水平，也存不了多少钱。同事听他一直心心念念要买房，就提醒他利用周末兼职。

可小庆认为工作日已经那么劳累了，何苦要这样虐待自己呢？周末用来放松才算对得起自己。

就这样，房价一年比一年高，小庆的存款永远也没赶上买房的涨势，买房的心愿也就这样一直拖了下来。同事的提醒不是不切实际，他们中间就有牺牲了几年的周末来赚首付的例子，如今都住进房子很多年了。

我身边有一对从农村出来的夫妇，10多年来一直在这座城市收废品，风雨无阻，日晒雨淋。两人每天早上5点多钟就起床，到晚上七八点才回家。

日复一日吃苦积累下的钱，先是在老家盖了一栋楼房，然后给在长沙读书的孩子付了一套房子的首付。因为他们想，以后孩子在长沙生活，他们回老家养老。这苦就这么挺过来了，这福也就这样跟着来了。

像小庆这样的人始终都没想明白，人必须苦一阵子，才能得到他想要的安稳。一个什么都没有积累的人，何以谈人生，到老又有何资本？

在吃苦的年纪选择了安逸，生活不过是日子的累积，除了年龄的增长和容颜的衰老，你的气质里留下的只是寡淡。可真正吃过苦的人在阅尽千帆之后，那些吃过的苦都会成为最珍贵的人生阅历。

苦尽才能甘来，愿你在吃苦中成为真正懂生活的人生赢家！

善于接受变化

2018 年，命运把她交给了另一种生活。

这一年，工作的调动使她从一线城市来到了偏远的乡村。她无从反抗，胳膊始终难以拧过大腿。临行前的一段时间，她一度陷入了焦虑。

这不仅是对环境变化的不适应，更是从此以后她就要远离城市的霓虹：新上映的电影没法即时去看；周末随时随地约着逛街也是妄想；更别提夜宵等美食的诱惑……有滋有味的生活方式就要和她告别。

果不其然，她的新工作地点在海拔 600 余米的大山上。放眼望去，群山连绵，山脚下是一个又一个的小村镇。这里通往单位的主路是村里唯一的水泥路，而每 2 个多小时才有一班的乡村班车是去往县城的主要交通工具。

到这儿不久之后，她就坐班车出山。结果一路上七拐八绕，更可气的是一个又一个的颠簸让她仿佛在云霄之上徘徊。出山到县城就耗费了她 2 个多小时，还未算上身体上的损耗。若是遇到高峰时段，连座位都没有，只能挤在没有空调的狭窄走道里。

于是，外出基本在她的周末行程里取消了。

没有外出倒也不是要命的事，但有些基本物资就不能外出采购了。可怜的是，这村镇就一家可以入眼的小卖部，幸好一个月有 3 次赶集，否则食材都成了问题。有时想在网上买个时尚点的东西，这快递从城市到县城倒也快，但在山脚下往往要等上个三四天等凑齐了单才能往上送。

这样的日子基本是没多少娱乐的盼头了。刚开始的一段时间简直是度日如年，她不停地向各路朋友哭诉。

渐渐地，她意识到即使每个人都明白自己的处境，也不能改变什么。

死心了倒好，也就能在绝地里走出新的希望来，毕竟在那儿不是生活三五天。不久，她努力让自己在那里安心住下来。这种安心不是身体的，而是心灵的。

乡村里的生活节奏非常缓慢，工作也是这般。除了一些常规事宜，基本没有额外的任务，加班就更不需要了，因此有了许多自己的时间。

闲下来的时候，她将那些搁置在书单里的书一一买来阅读；没有条件到电影院看电影，她倒是有足够的时间把经典的电影重温；偶尔也练练字，能坐下来写一写一路以来的成长故事……

三毛笔下的《撒哈拉的故事》、毕淑敏笔下的《非洲三万里》、徐家树笔下的《那时·西藏》……那些没有时间到达的远方，她终于能在他人的世界里任意徜徉；《肖申克的救赎》中的浴火重生、《当幸福来敲门》的永不放弃、《怦然心动》的青涩爱恋……那些没有时间静下心来品味的经典，她终于能在深夜里让它们重塑自己的心灵。

有了属于自己的时间，她仿佛拥有了另一个世界。

秋天的时候，枫叶开满了一个山林。你路过这些地方，就是走过童话世界。你抖落一树的叶，像是飘落了一行诗。冬天的时候，极低的气温常让那里的水汽凝结成剔透的水晶。从山上向下望，就是一片山舞银蛇的景象。在无数个闲下来的下午，她喜欢听着音乐在春天的溪水旁漫步，在夏夜的凉风里欣赏满天的繁星。

若是兴致来的时候，她也会精心为自己准备一顿晚餐。她是一个偏素食者，乡村里的这些食材倒也成了天然的美味。

她忽然发现，自己从来没有这般真正生活过。

城市的霓虹虽然绚丽，可过于匆匆。从早晨醒来的一刻到晚上入睡，她一直都活在他人的圈子里。工作的时候和他人打交道，小心翼翼地和人相处着，维持着敏感而脆弱的关系；下班的时候和计算机打交道，为了将工作做得更漂亮，得到更多的赏识；即使疲惫不堪也无法拒绝聚餐的应酬，就是不想看起来那么不合群。多数的时候，拖着一身的疲惫从外面打包一份快餐回家，还要应付各种电话和信息，所谓的电影也不过是疲惫后的放松。

有时候坐在公交站台，望着一车又一车上下班的人挤在一个车厢里，她都忘了生活本来的样子是什么。可她不想停下来，也不敢停下来，因为别人都在奔跑。看似忙碌，实则内心空空如也。

深夜翻看朋友圈，每个人似乎都成了一个旋转的陀螺。

有人在深夜里驾车托运货物；

有人在车站等候到另一个出差地；

有人在办公室完成额外的任务；

有人正准备上班；

有人忙着在圈内宣传公司的业务；

有人一边做生意，一边带着孩子；

……　……

成年人的世界就是这般模样，没有时间停下来，他们压榨着一天的24小时。因为我们要生存，我们要事业，我们要成就感。

可是，我们丢了生活。

在那里生活的这一段时间，她才找到表面忙碌和内心充实的定义。她才真正明白了周国平先生在《丰富的安静》一文中所写的"人生最好的境界是丰富的安静。安静，是因为摆脱了外界虚名浮利的诱惑。丰富，是因为拥有了内在精神世界的宝藏"。

《小森林》是日本一部非常经典的故事片，讲述了女主角市子放下疲惫的城市生活回老家度过自给自足的时光。所有的故事发生在一个小村落的几个村民之中，而故事场景是农田菜地。市子每天自己种植、收割、制作食物，一个人安静地享用，偶尔与一个朋友分享，日子在春夏秋冬中静静流淌。市子骑着自行车在田埂奔驰，风拂过她的发梢，她是自由的；市子沿着山间小路去寻找野果，爬上树枝晃动树尖的果实，她是快乐的；市子采摘自己耕种的蔬菜和瓜果混合成美食，她是欣喜的。

即使是一个人也能这般丰富和有趣，这就是静心的美好。

如果有一天你疲惫了或是厌倦了现有的生活；如果你将独自面对一段孤苦的生活；如果找不到生活的美好了，你都无须害怕。

你只需放慢脚步回到自然的世界里；你只需放空自己，不去理会那些是是非非。所谓的名利、是非和执着都让它过去，给心灵腾出一些感知幸福的空间。生活还有千般风情和万般惬意在等着你！

等到你在纷扰的喧嚣中忘却了烦恼，找到了灵魂深处的自由，你会发现没有什么是不能放下的，静下来你才能活出一番新的滋味。